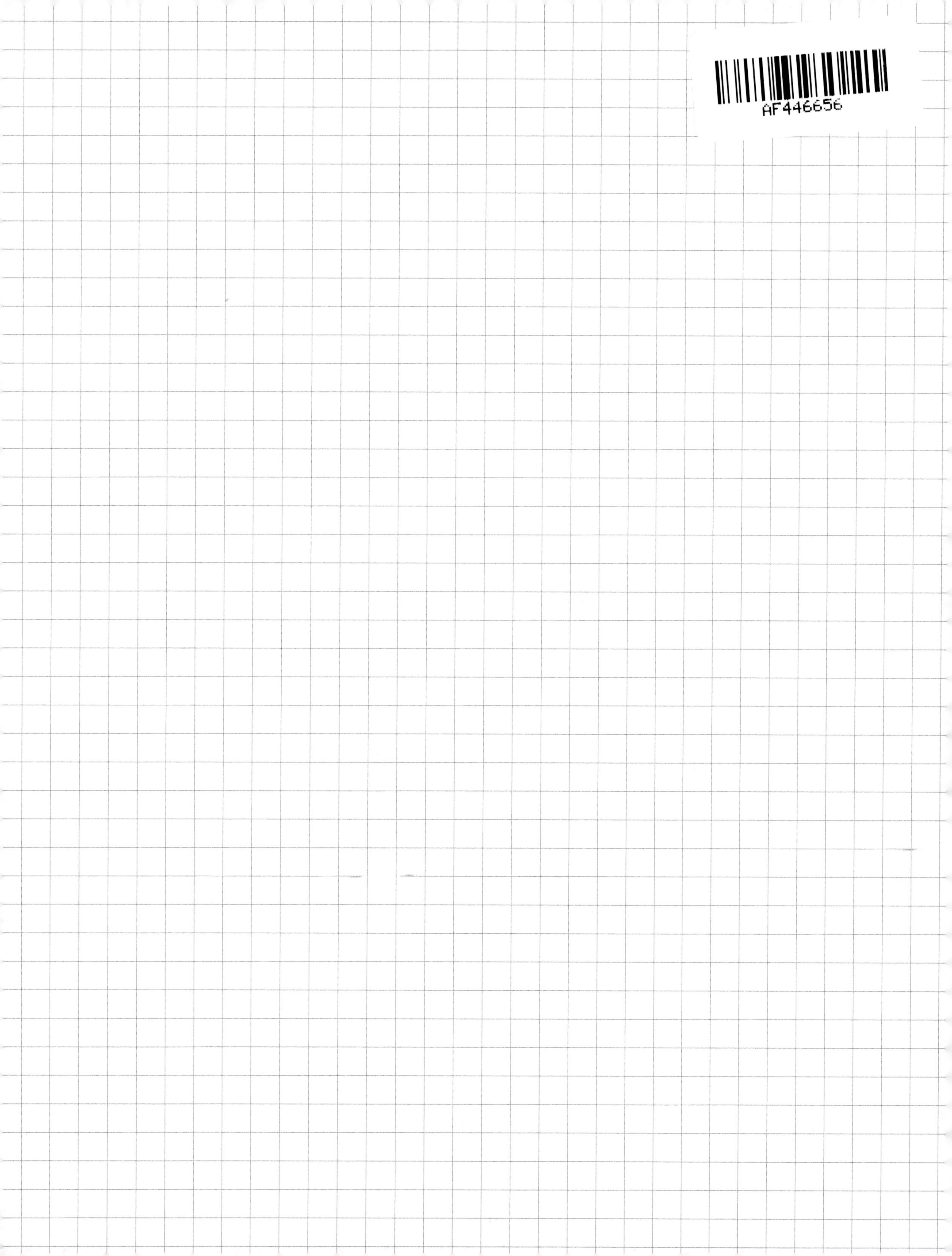
AF446656

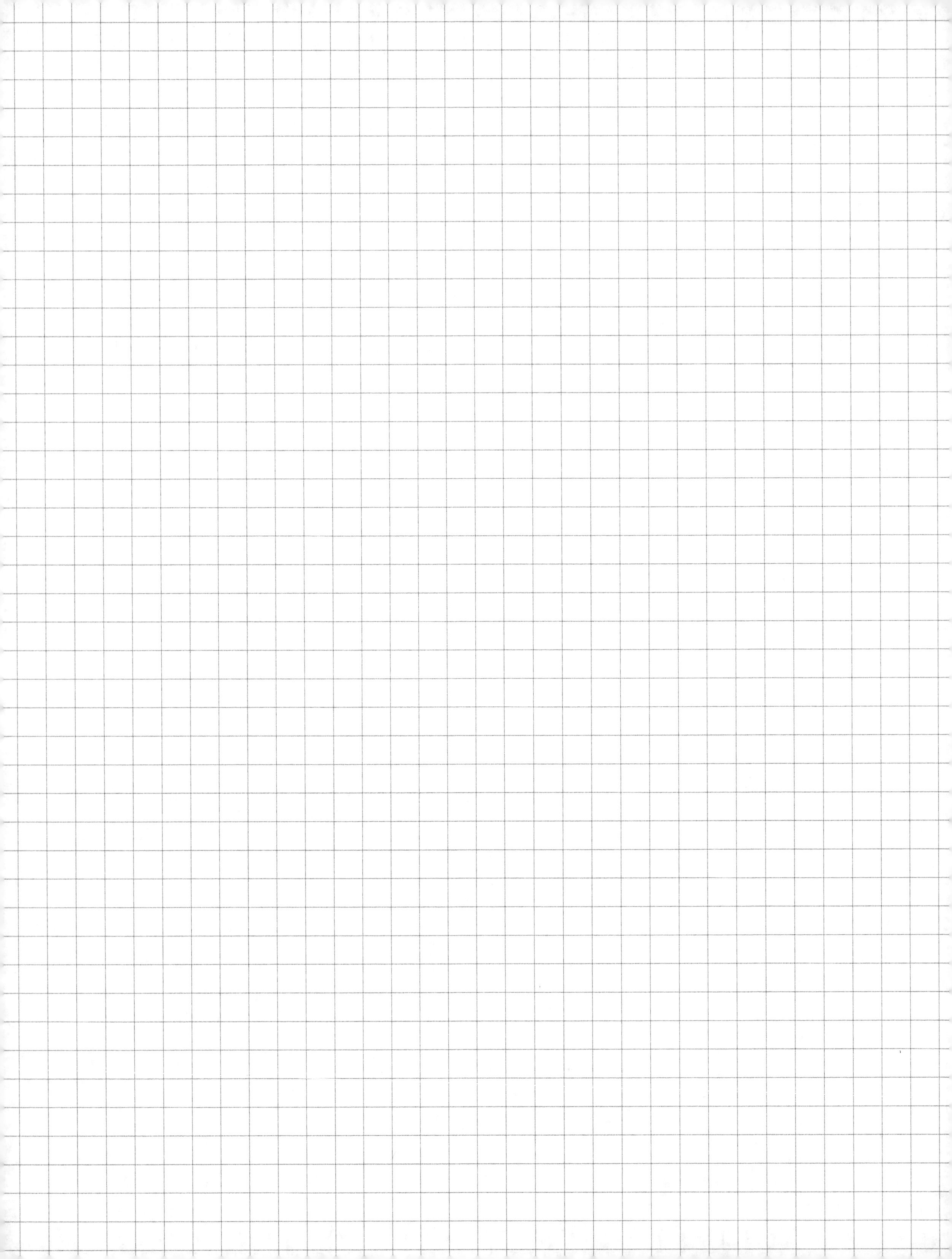

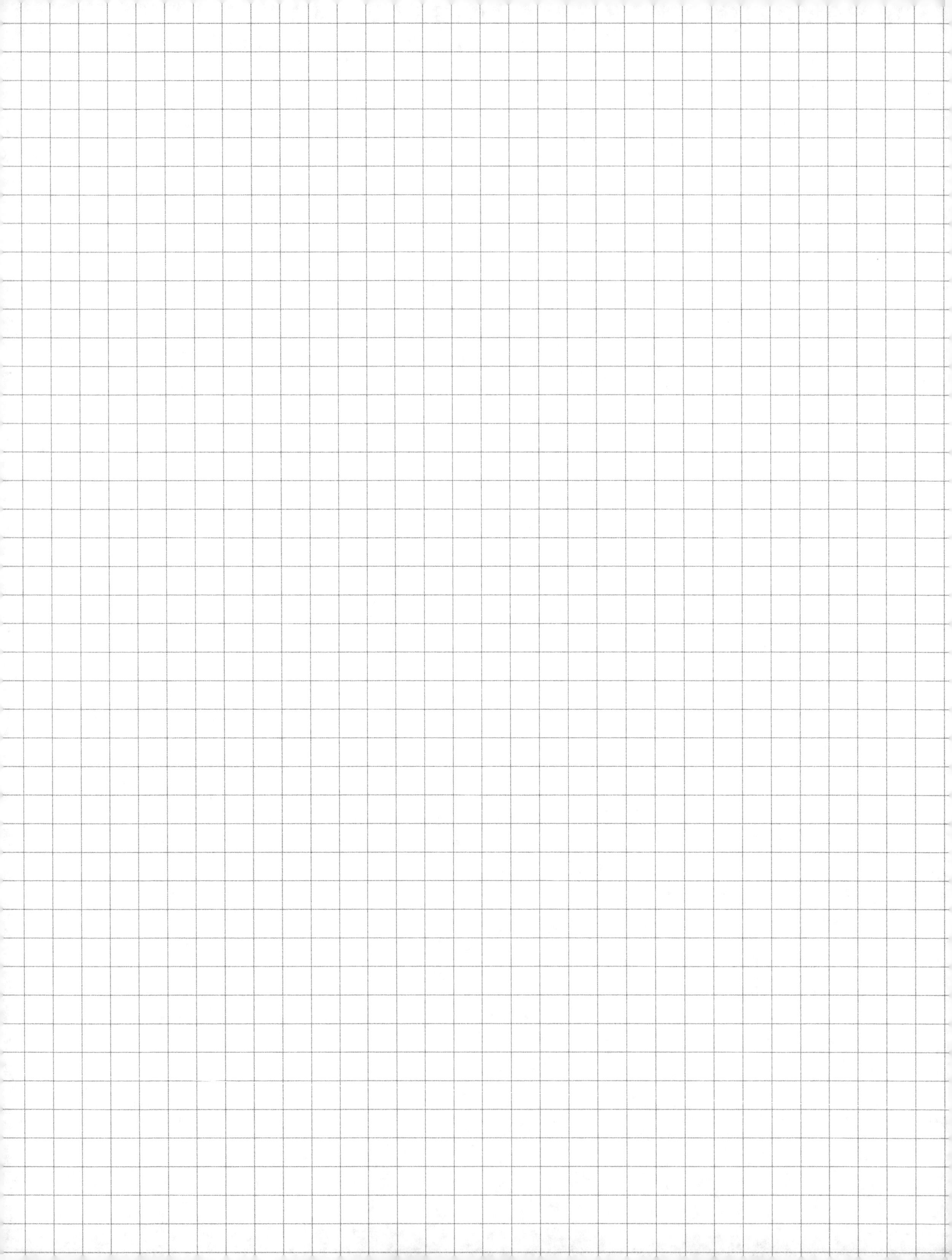

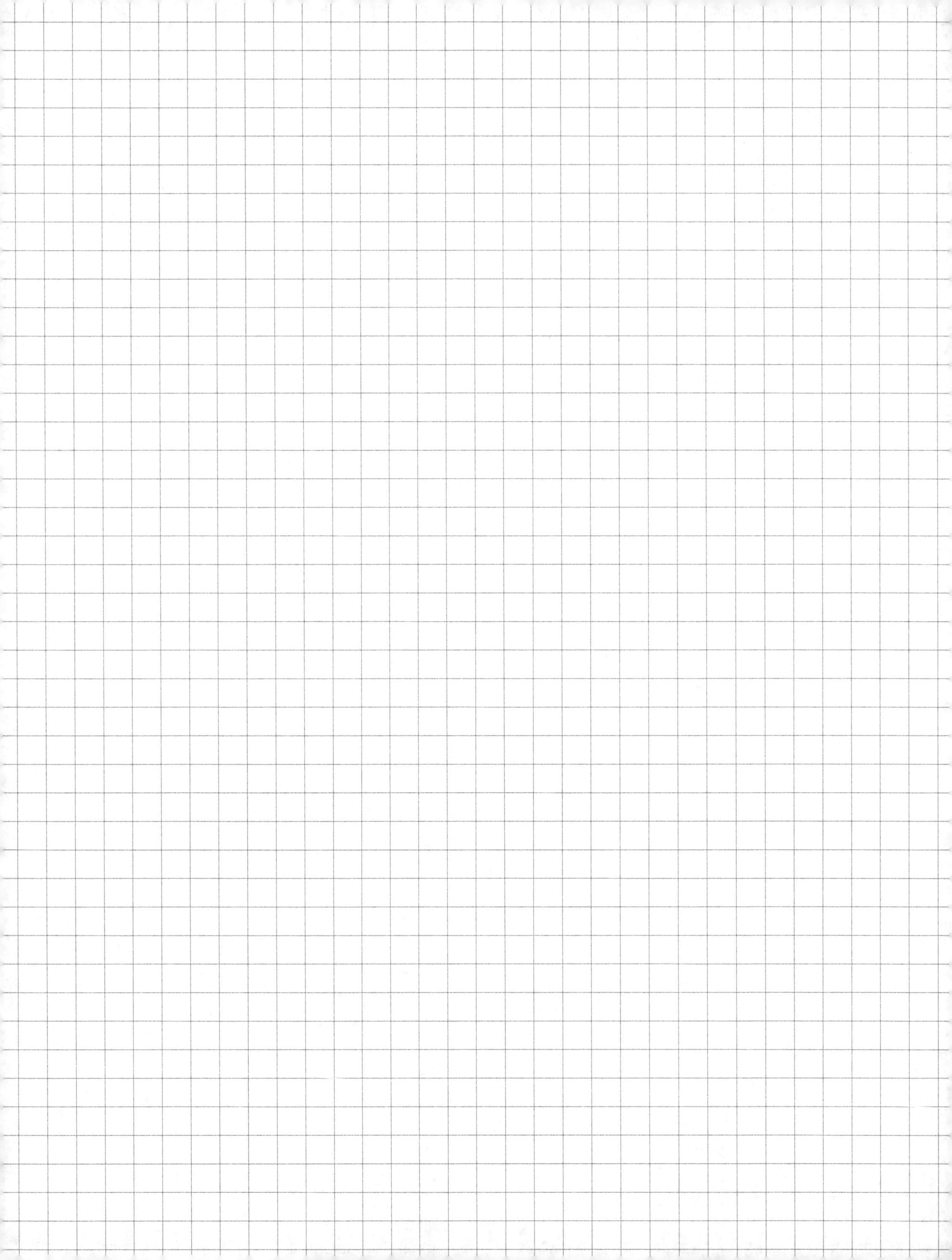

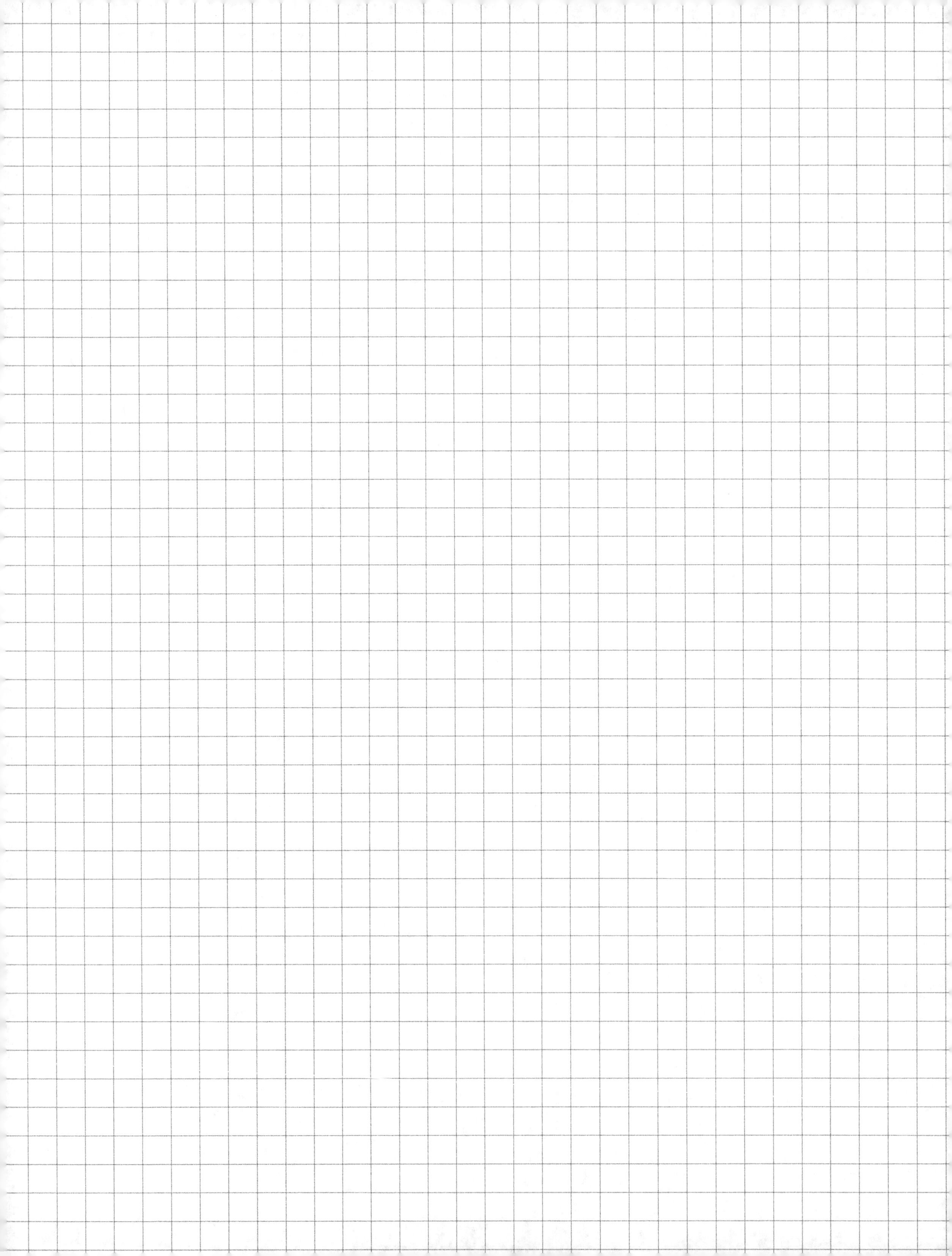

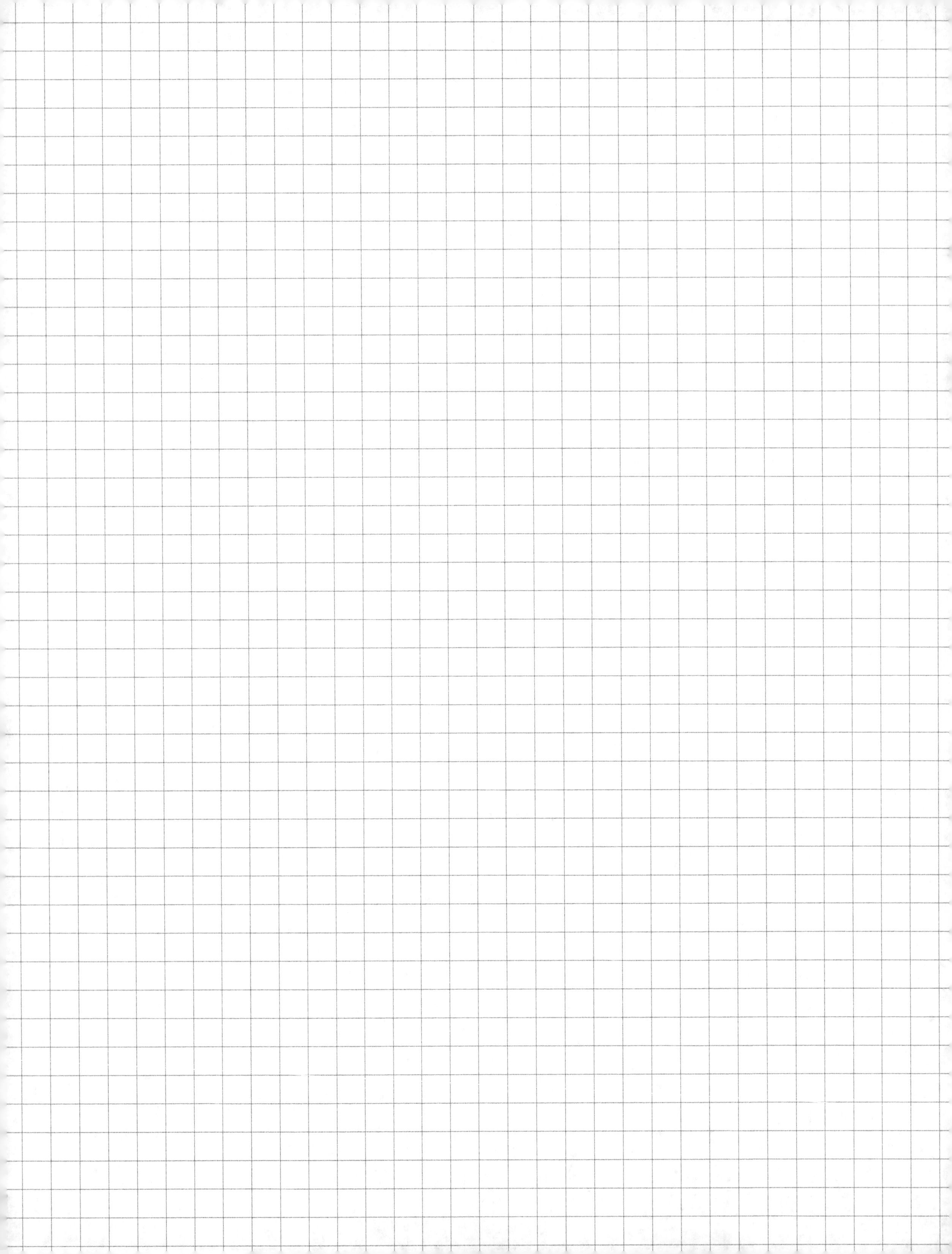

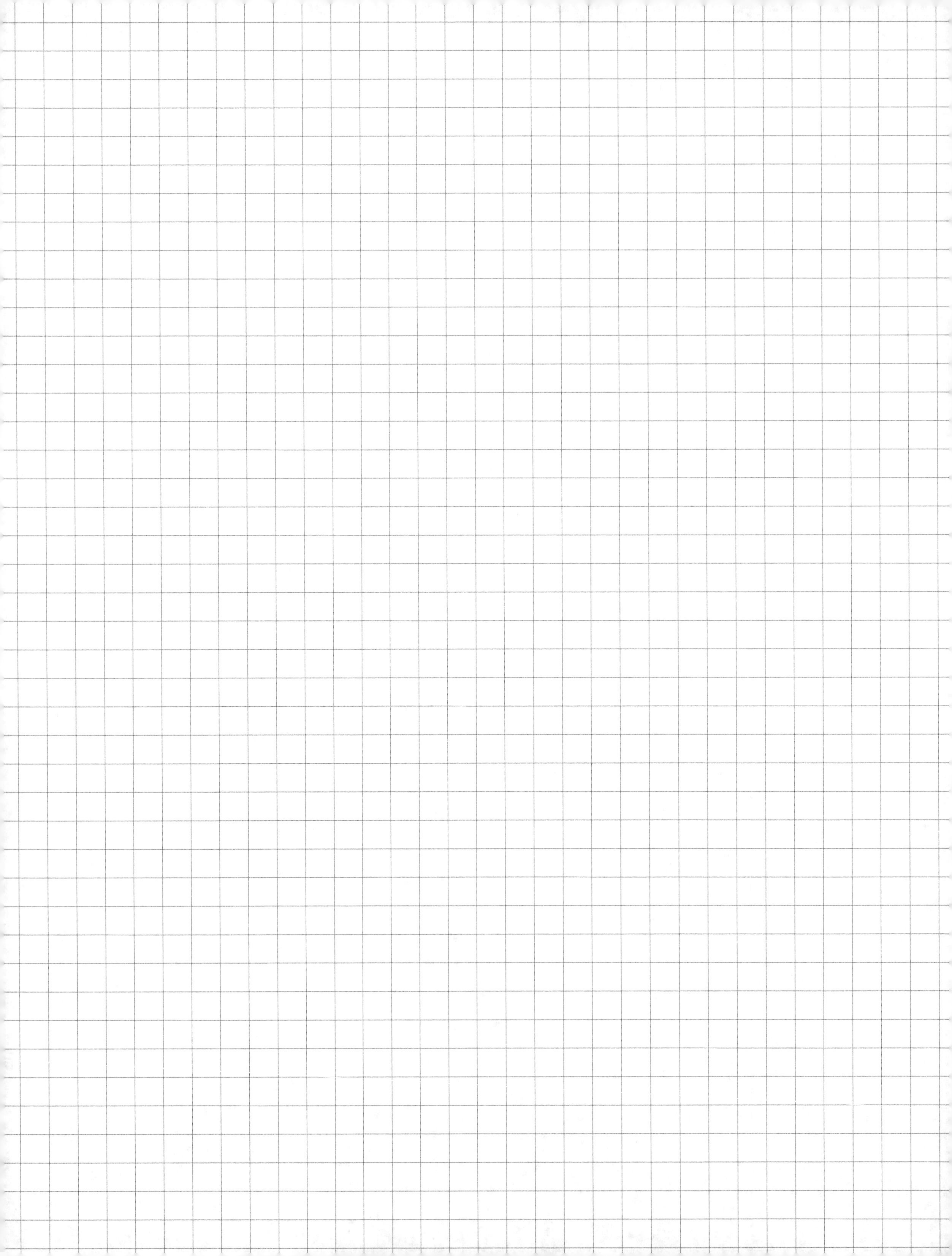

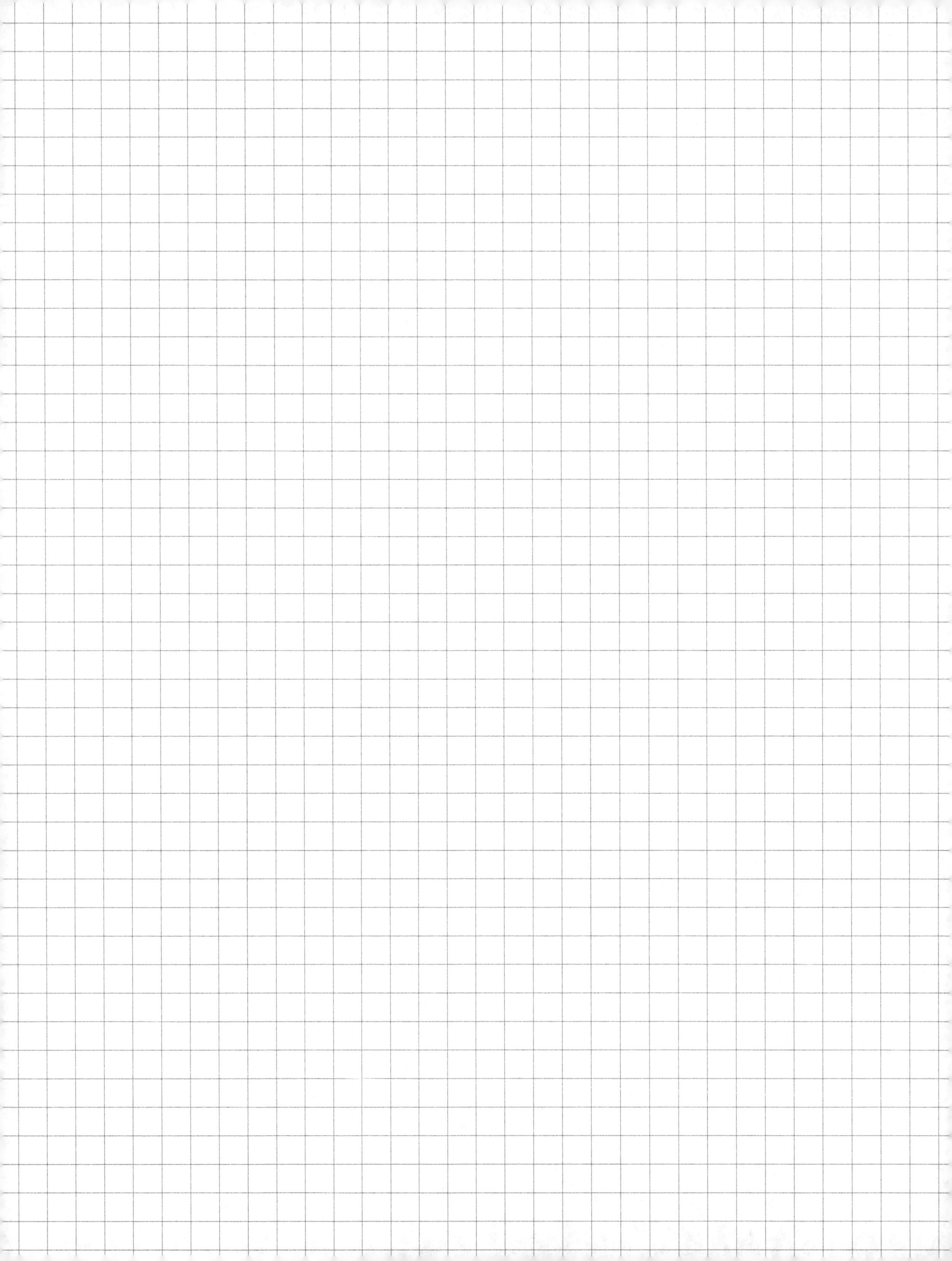

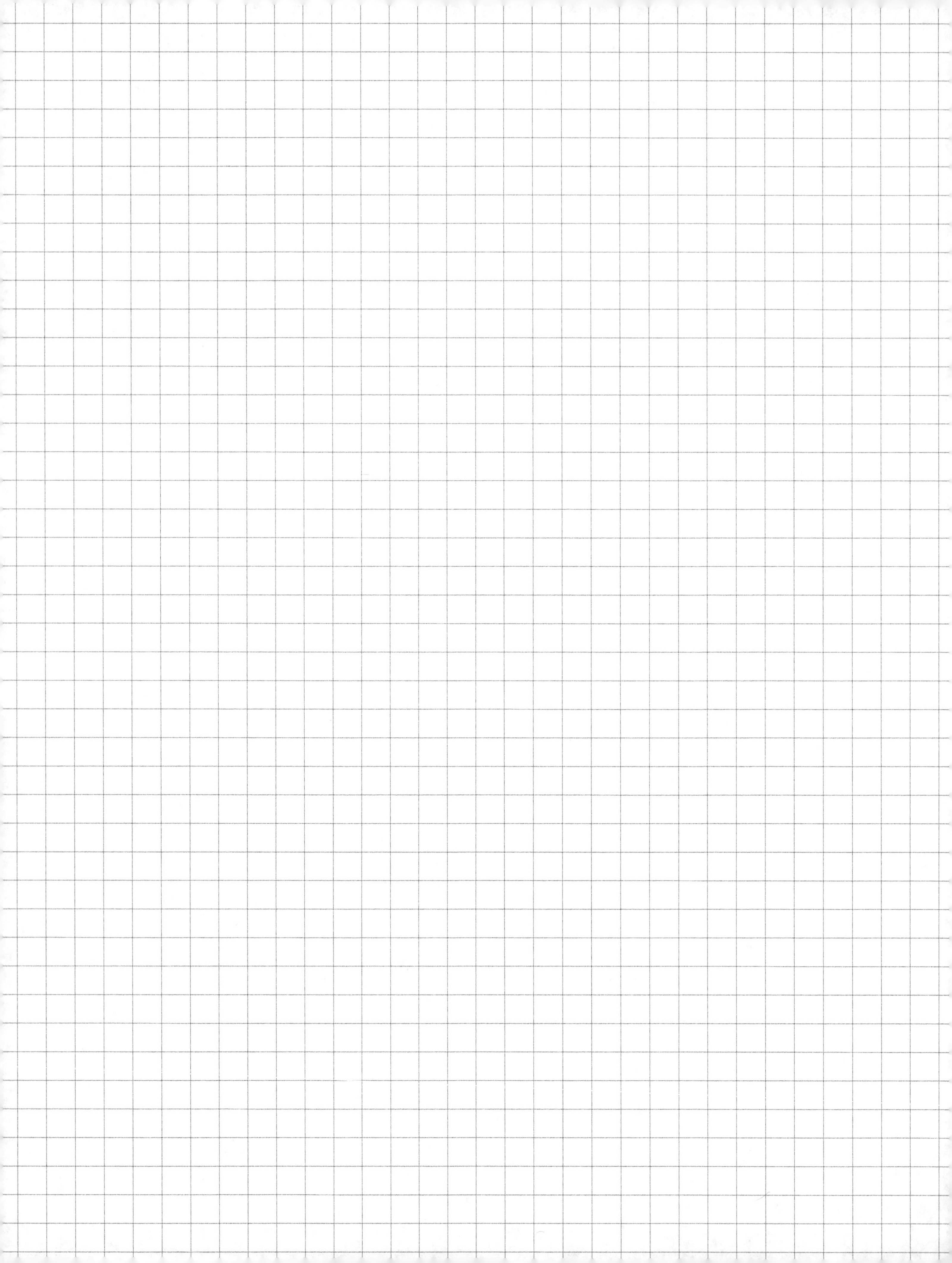

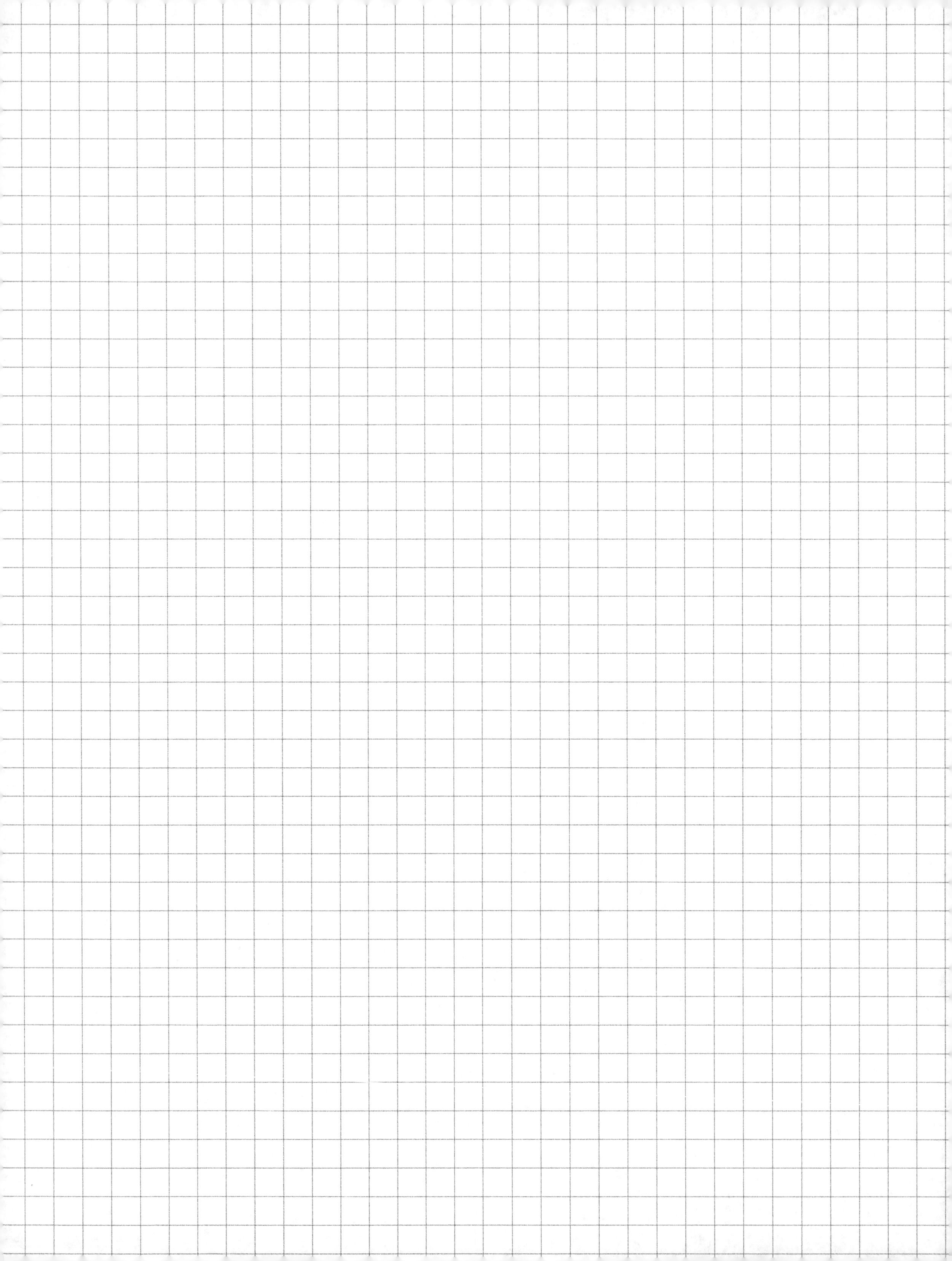

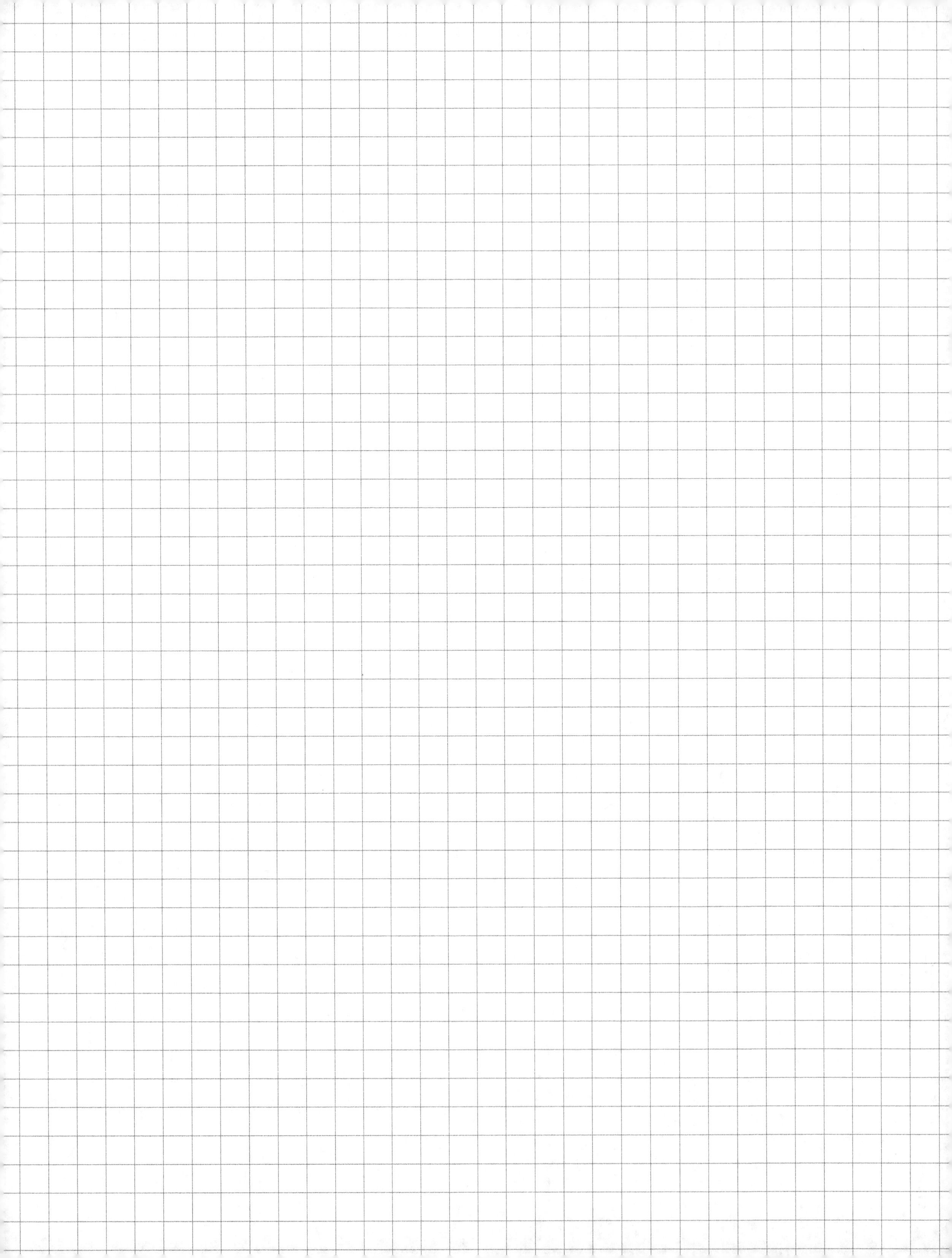

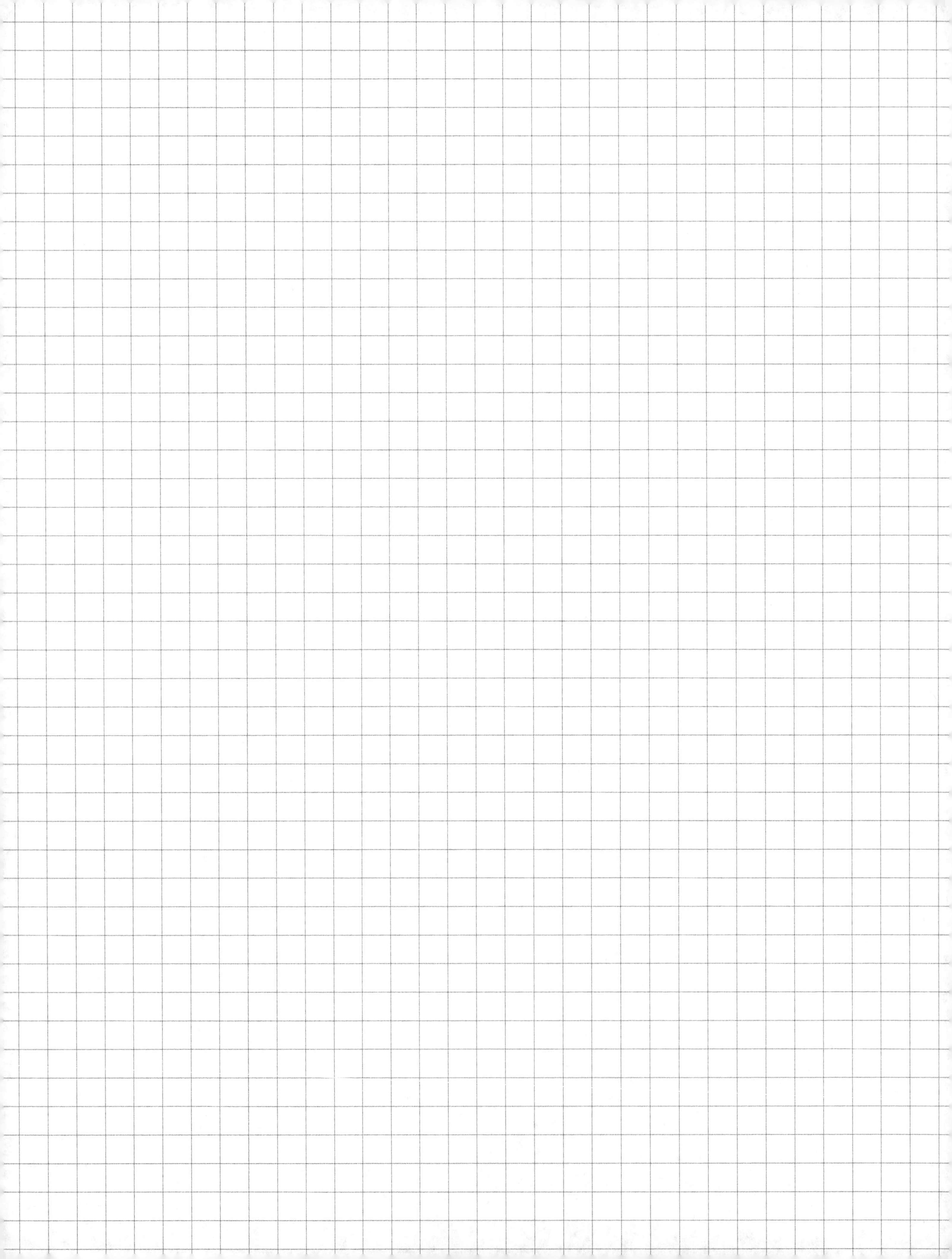

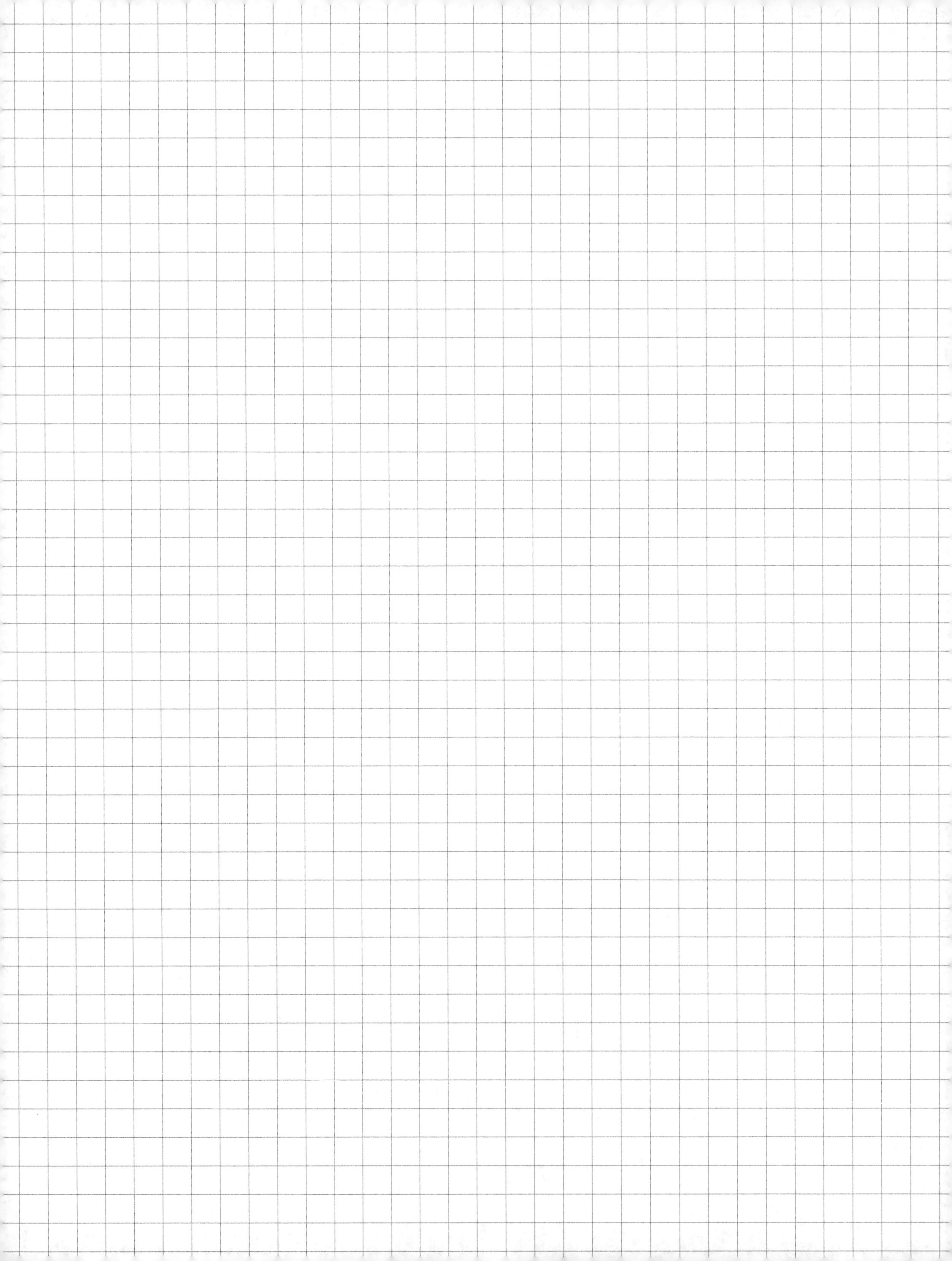

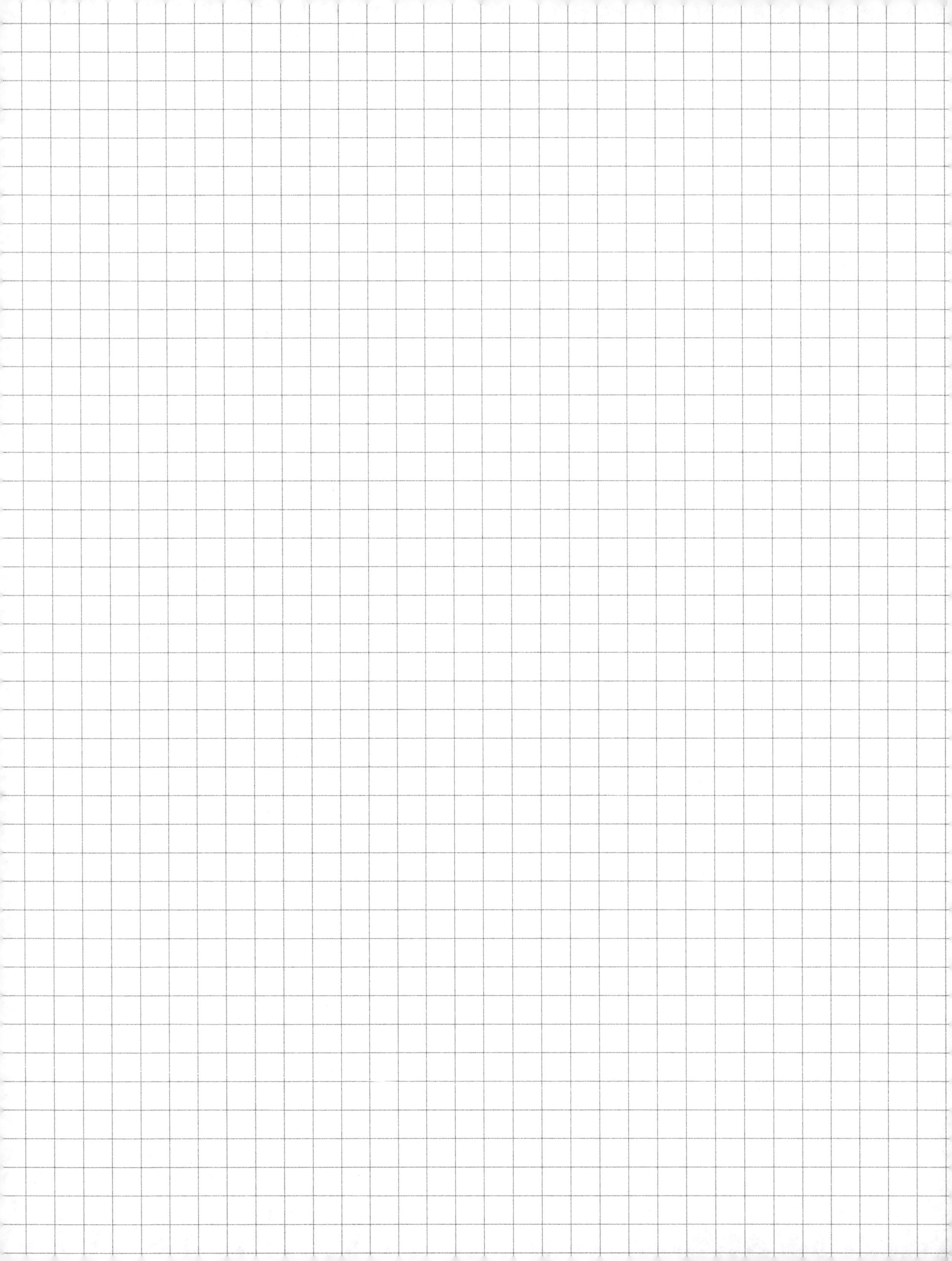

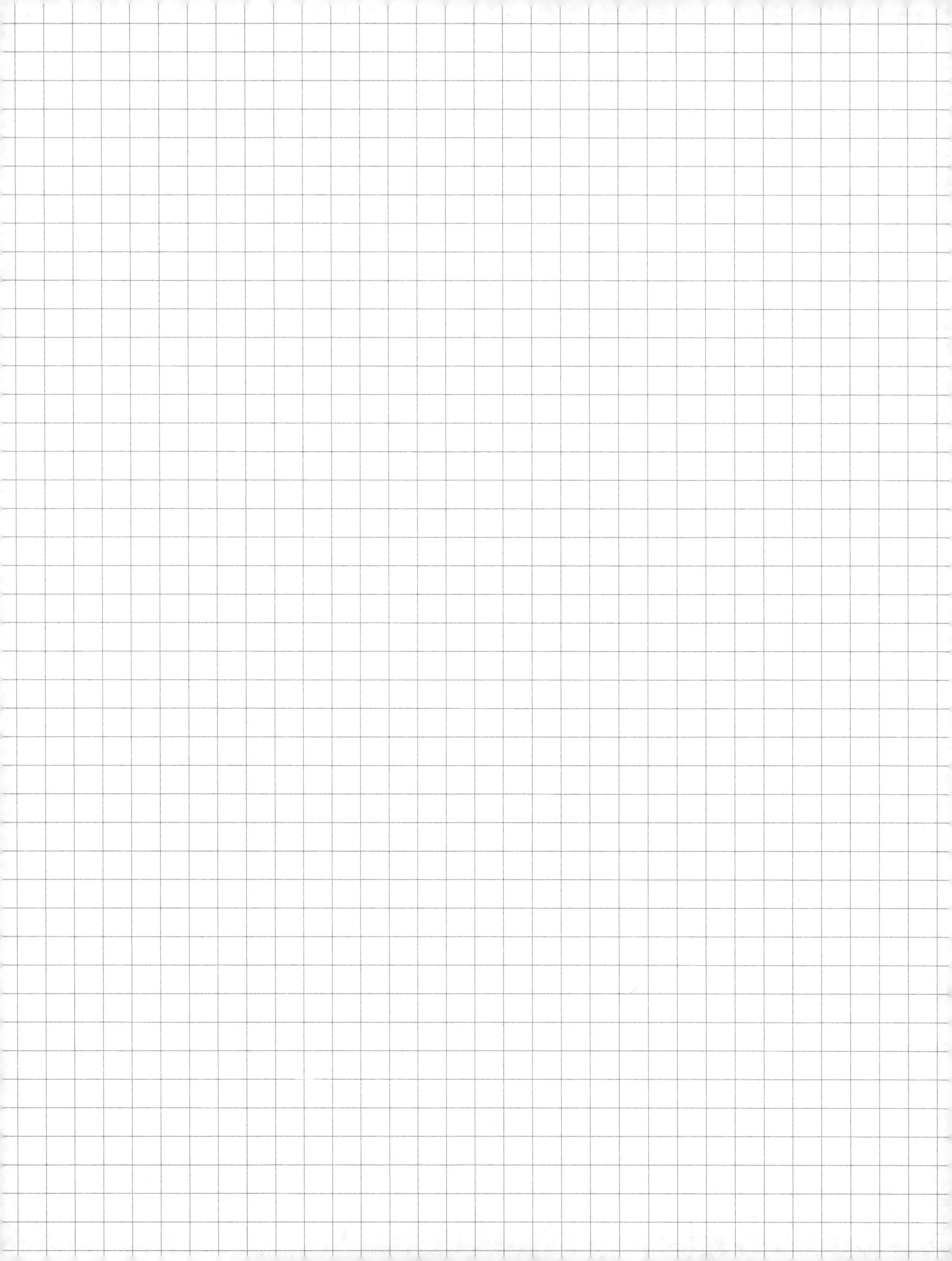

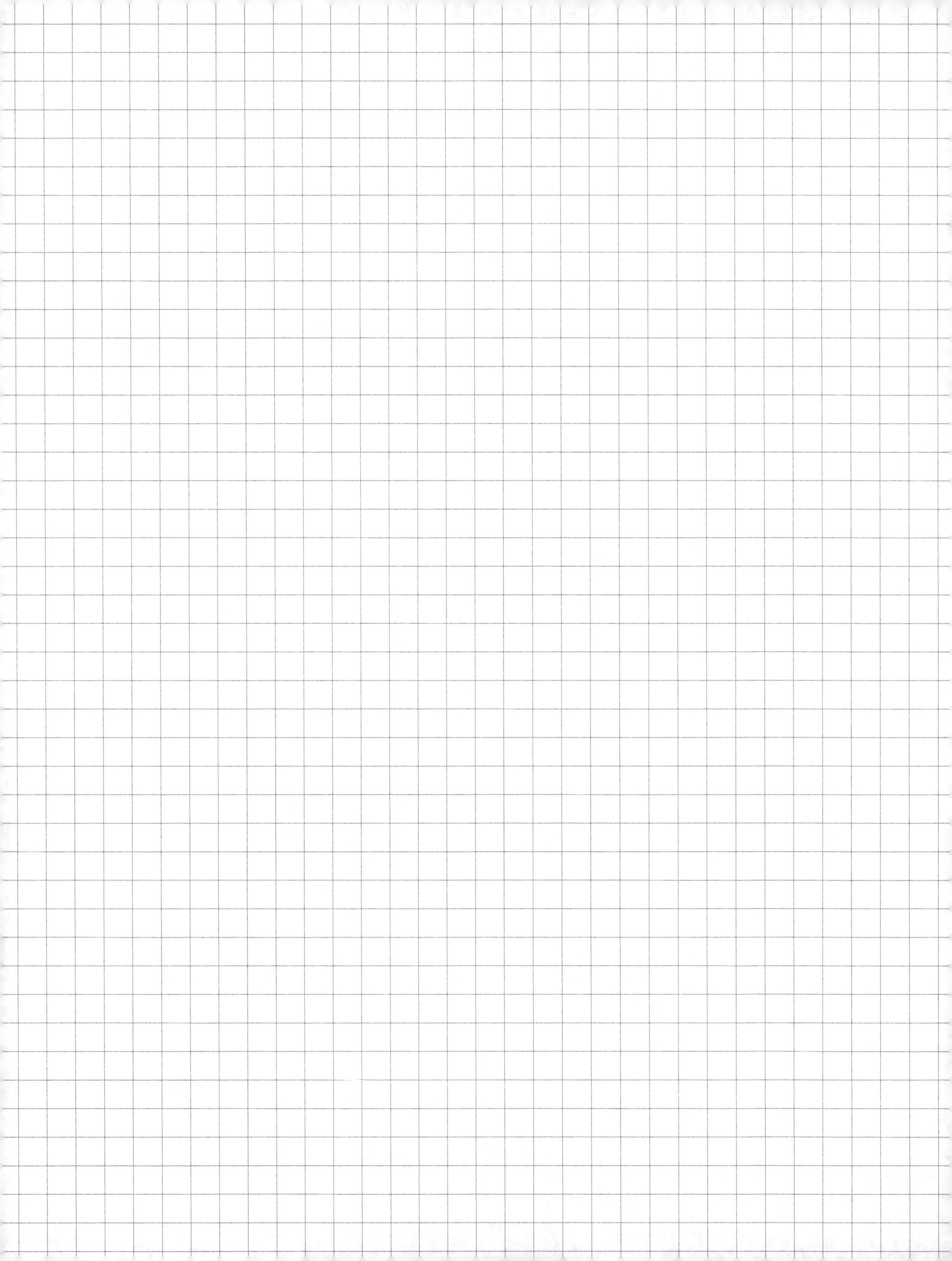

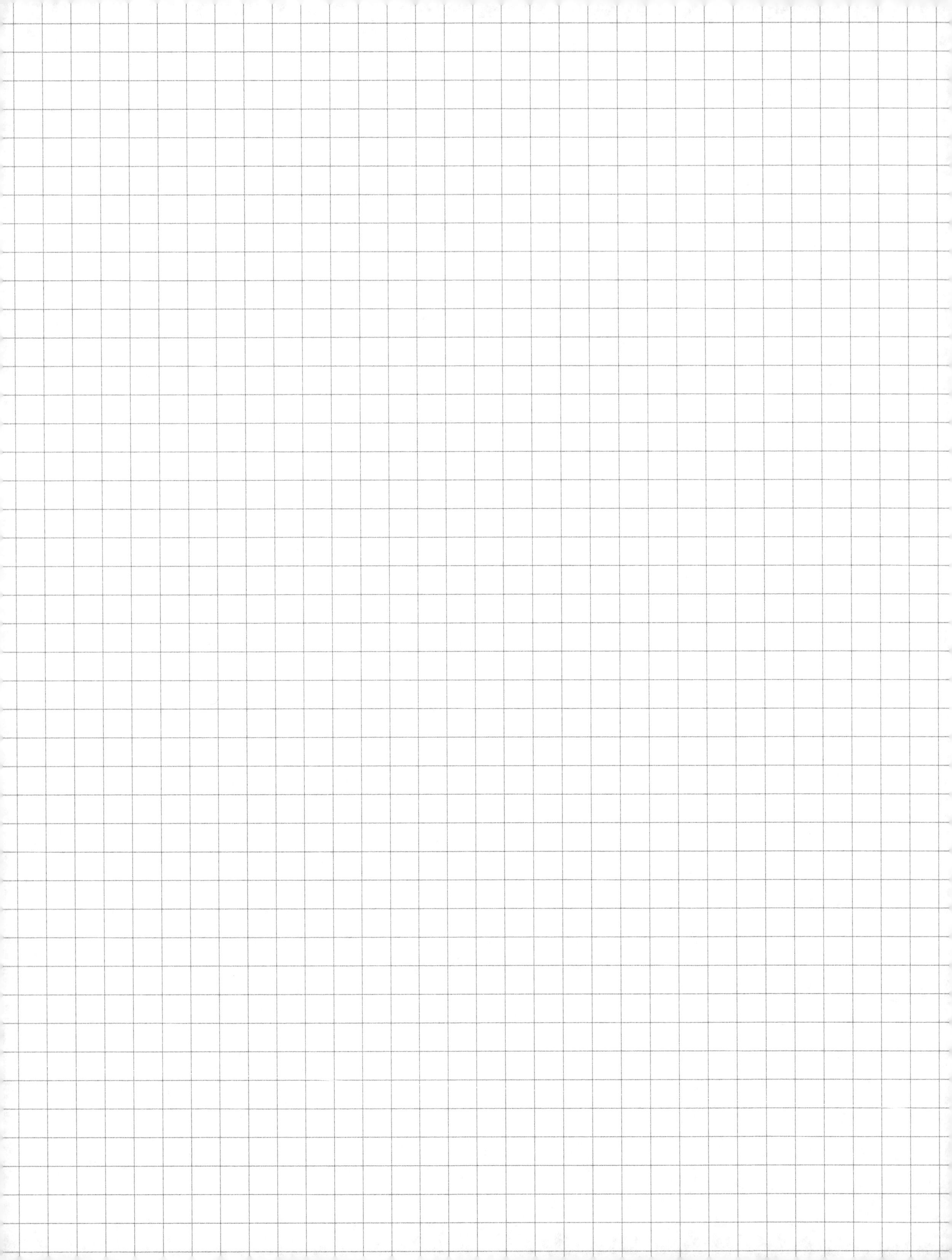

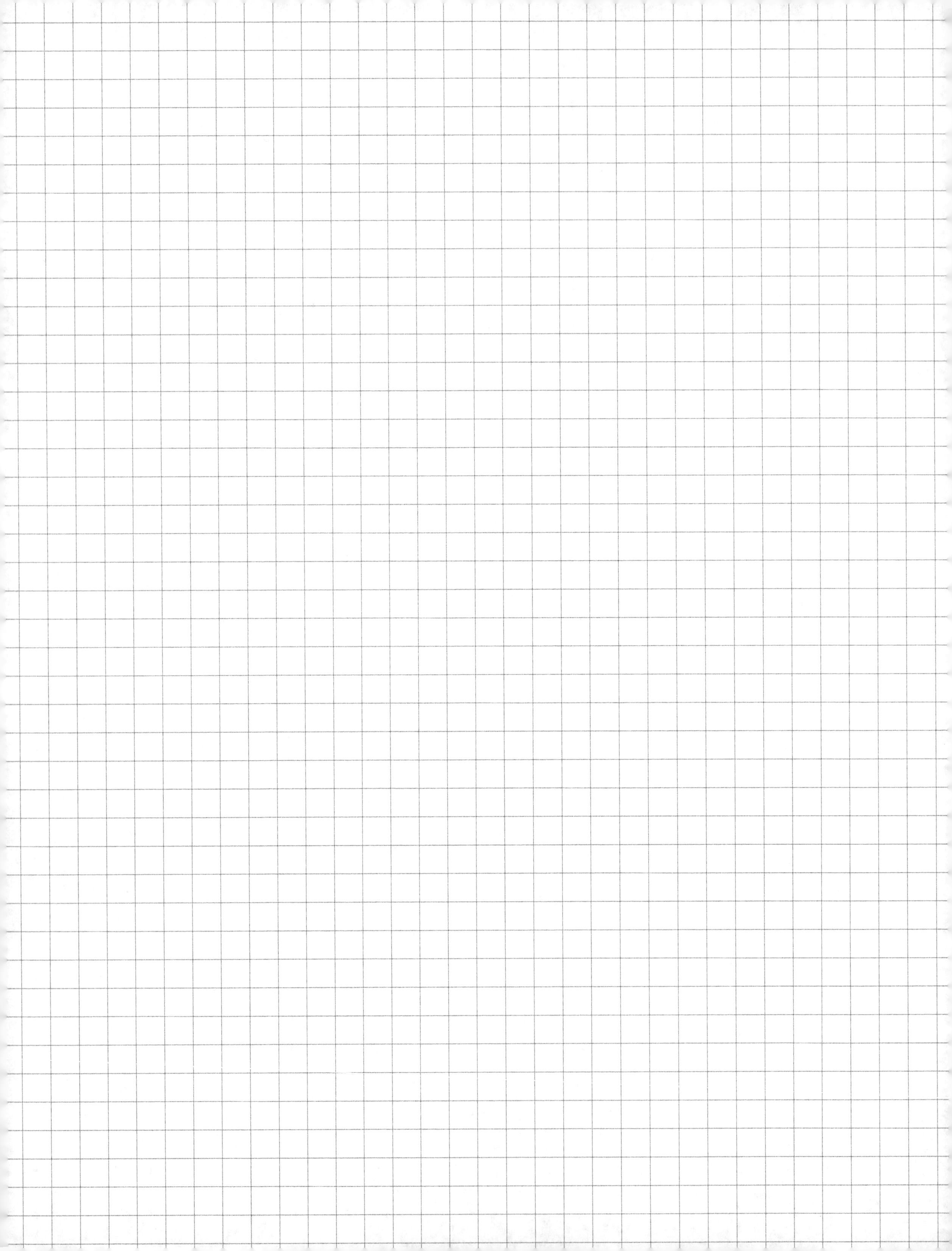

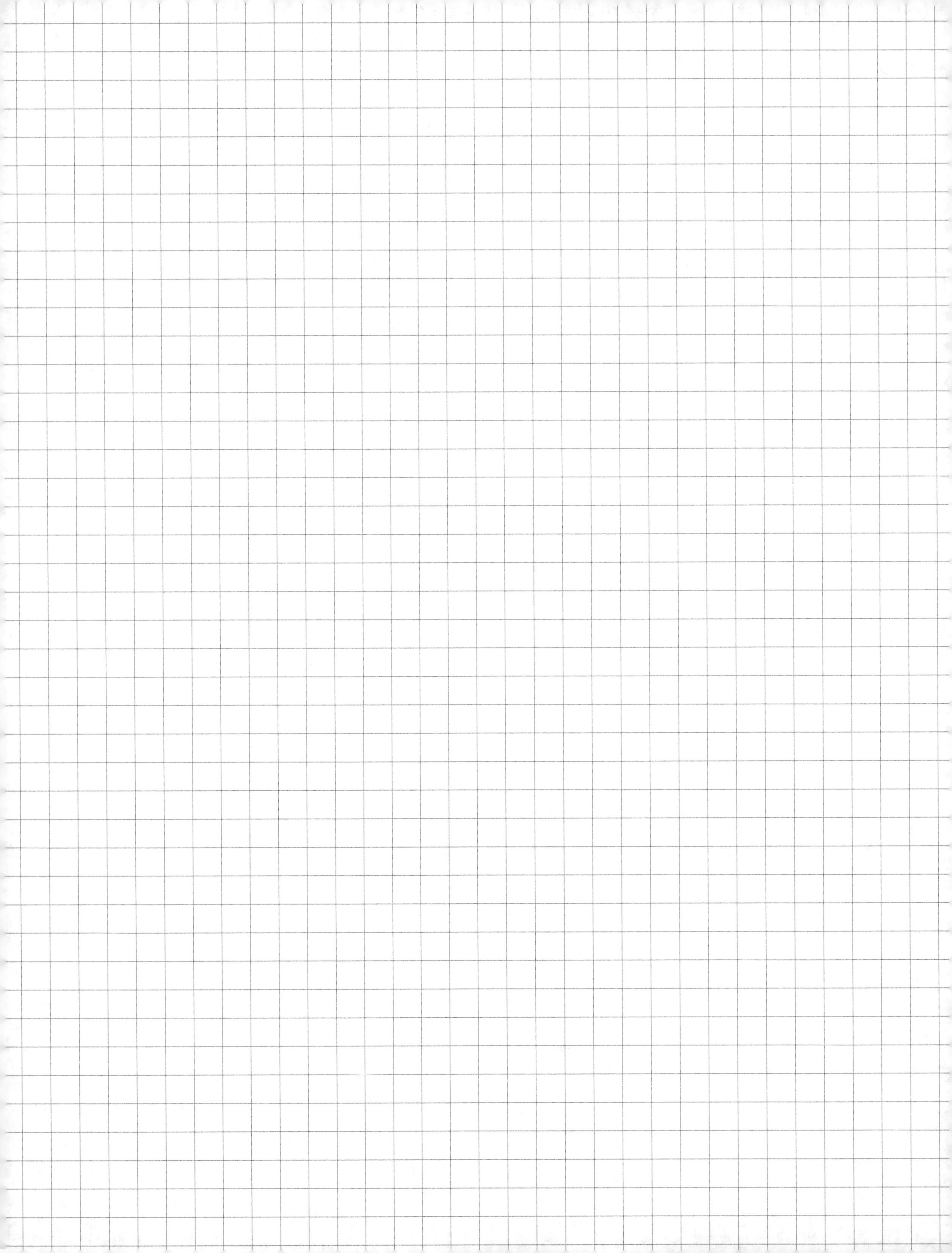

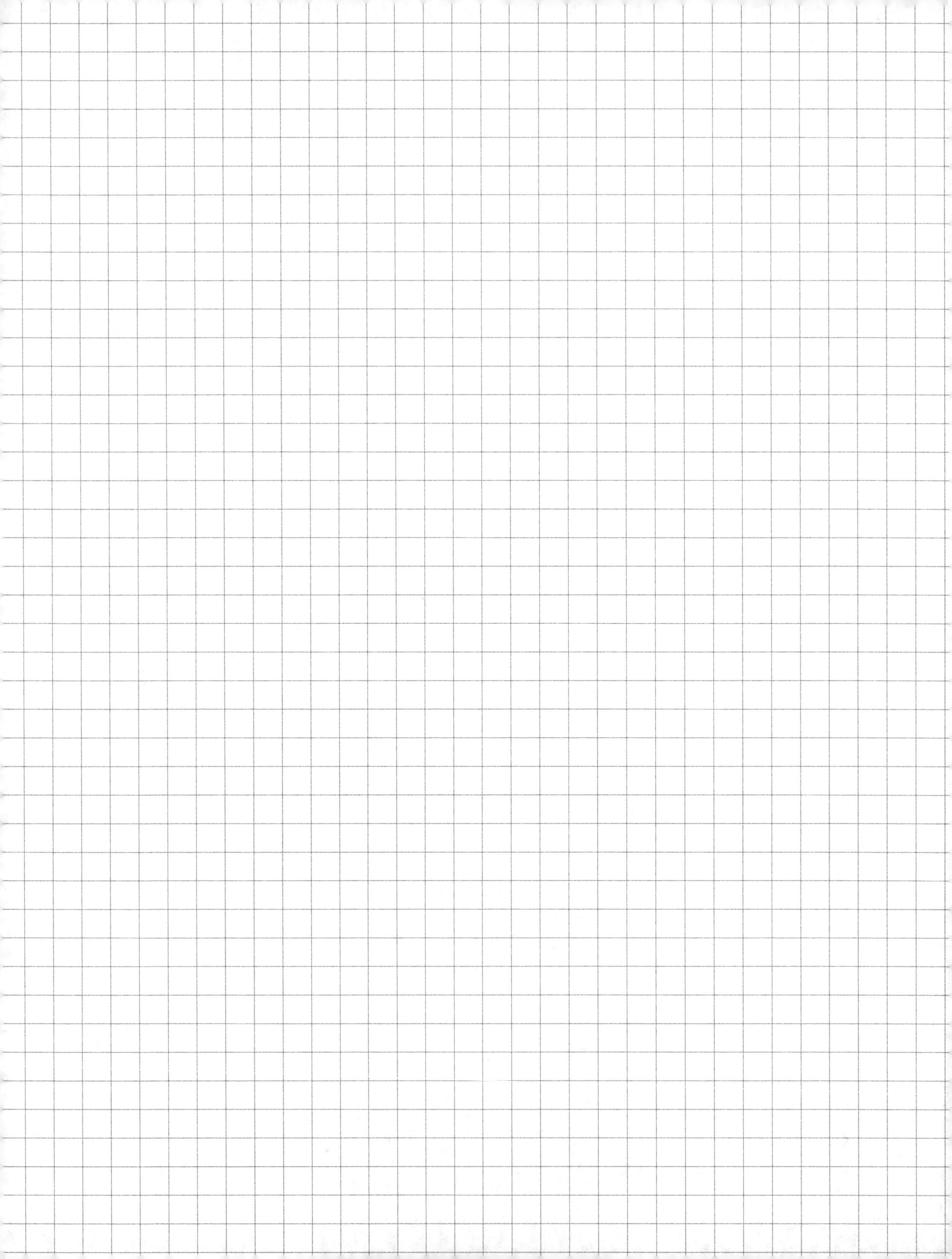

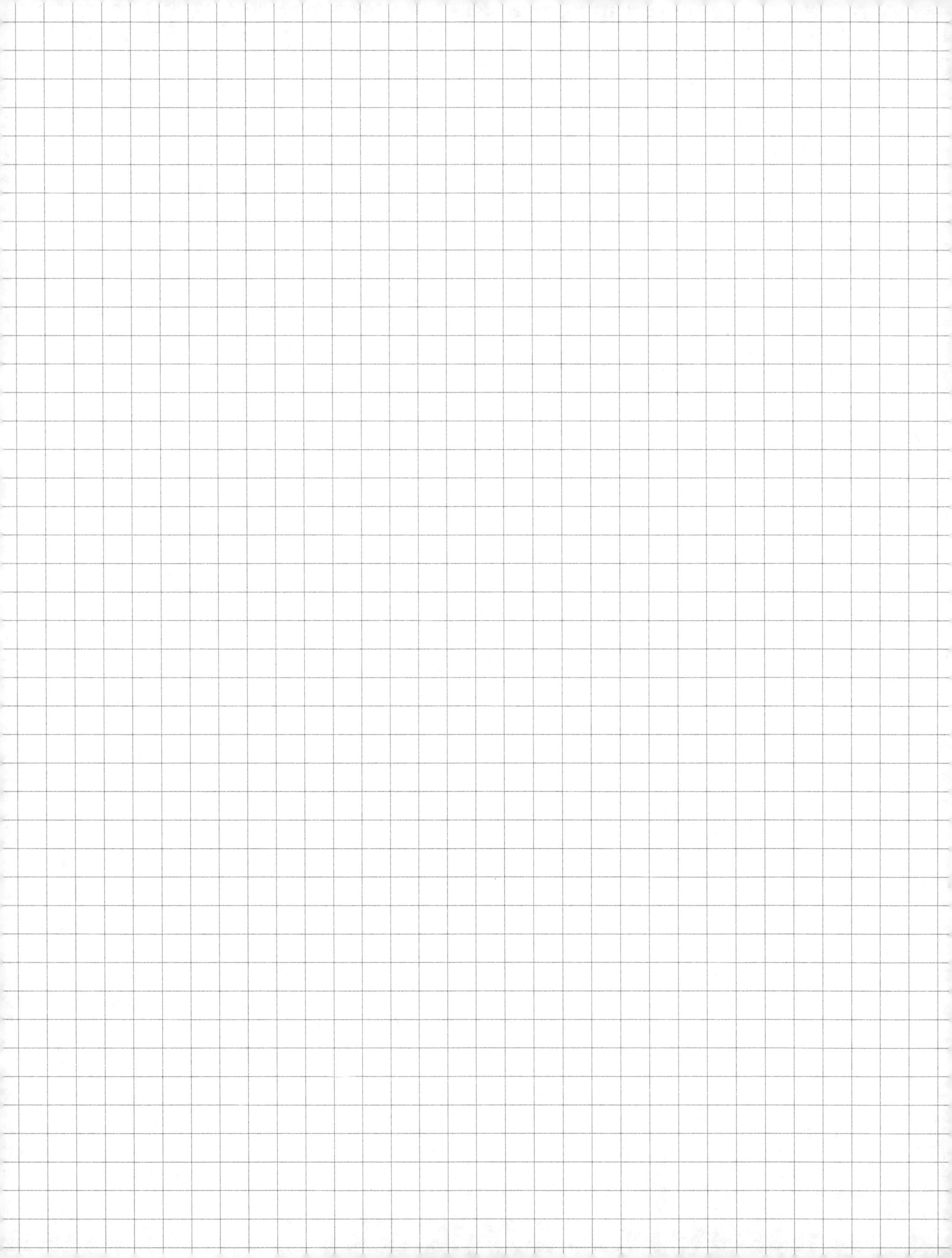

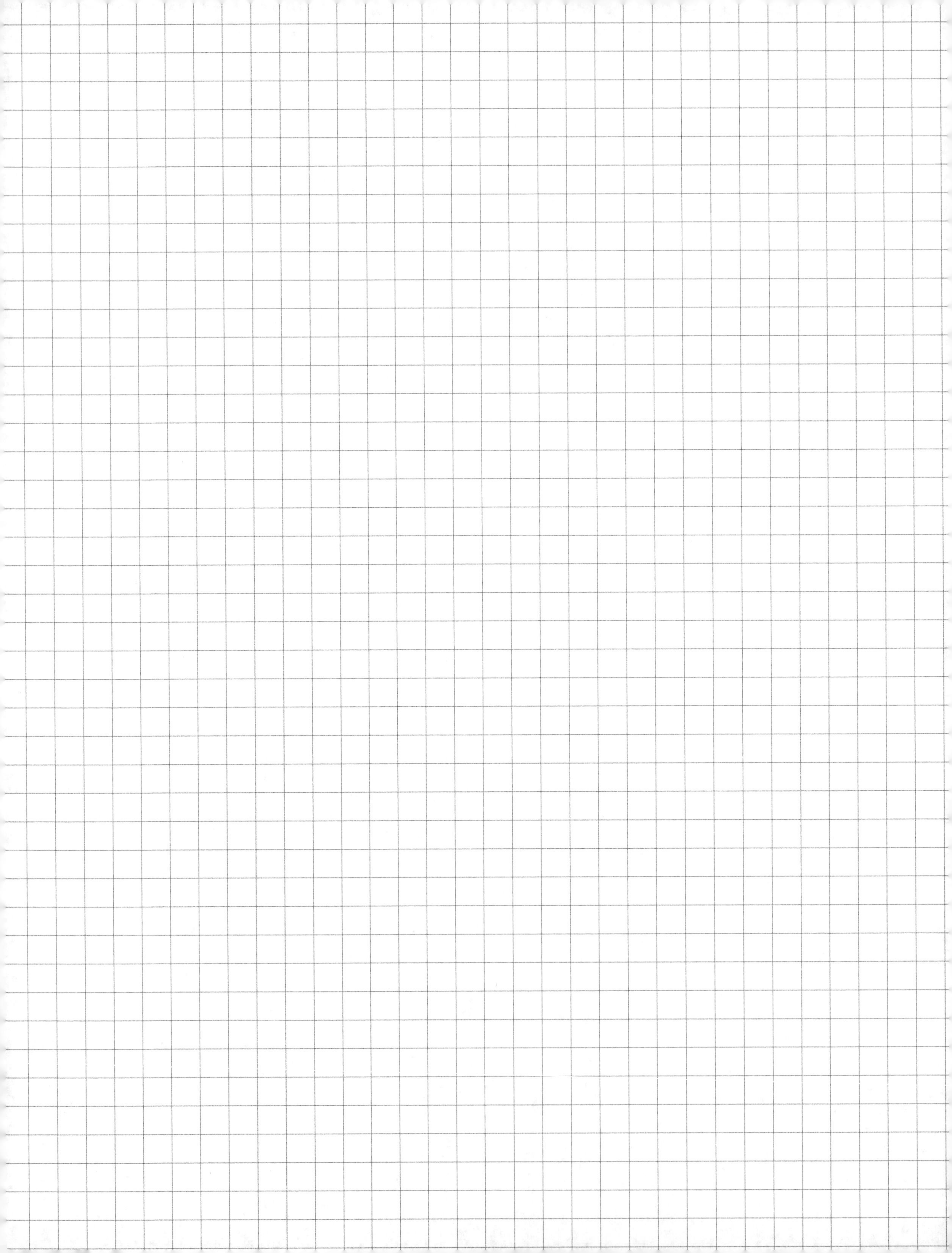

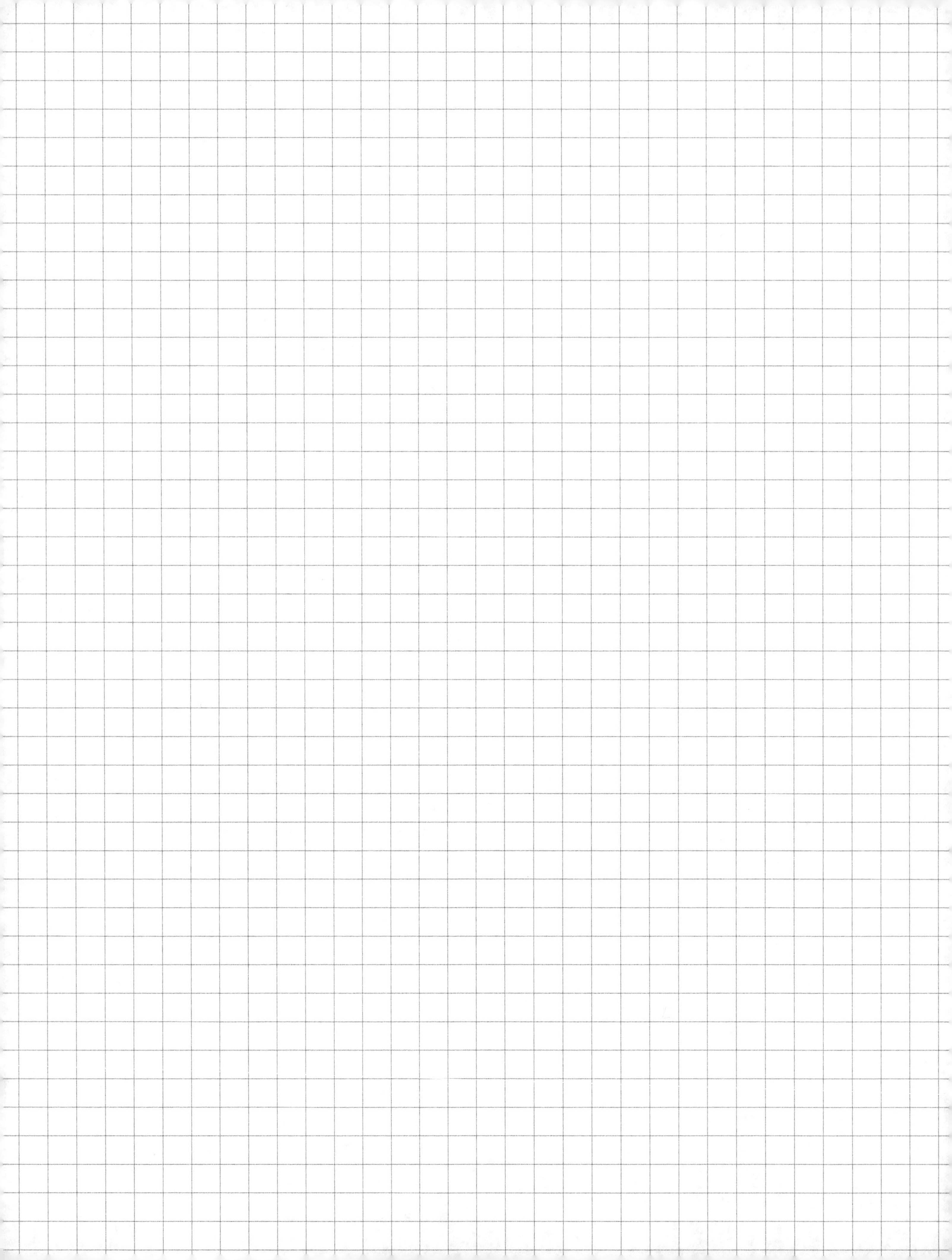

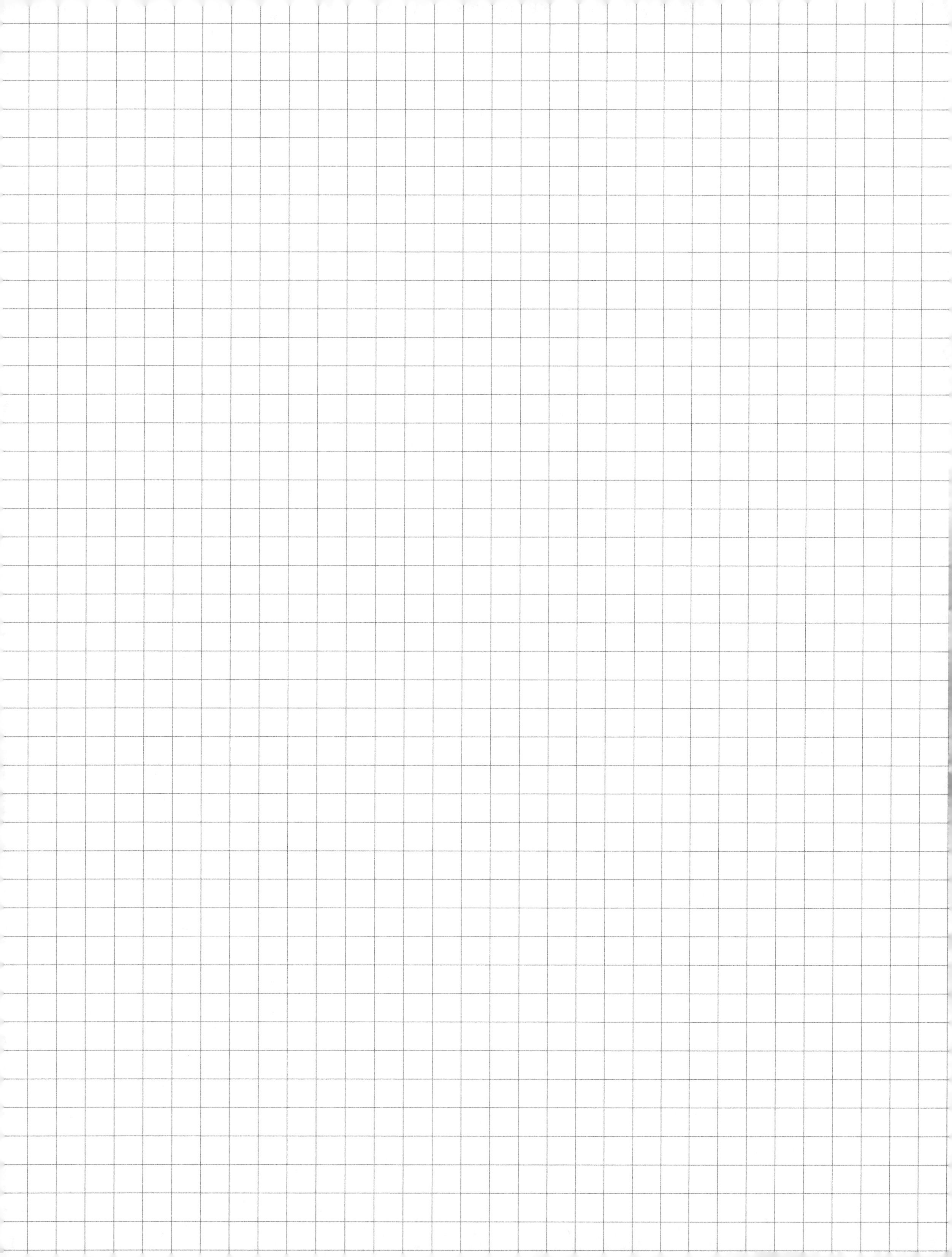

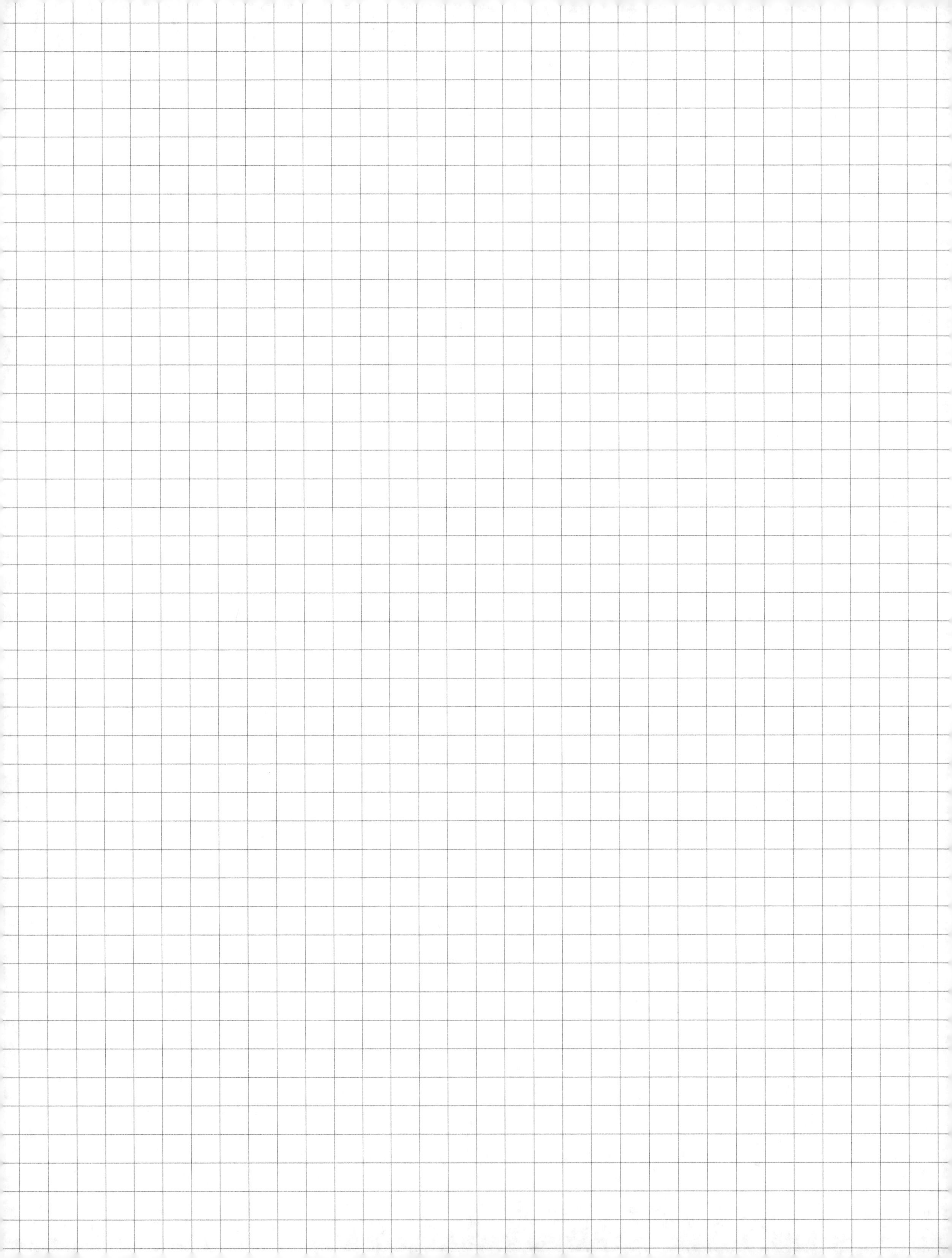

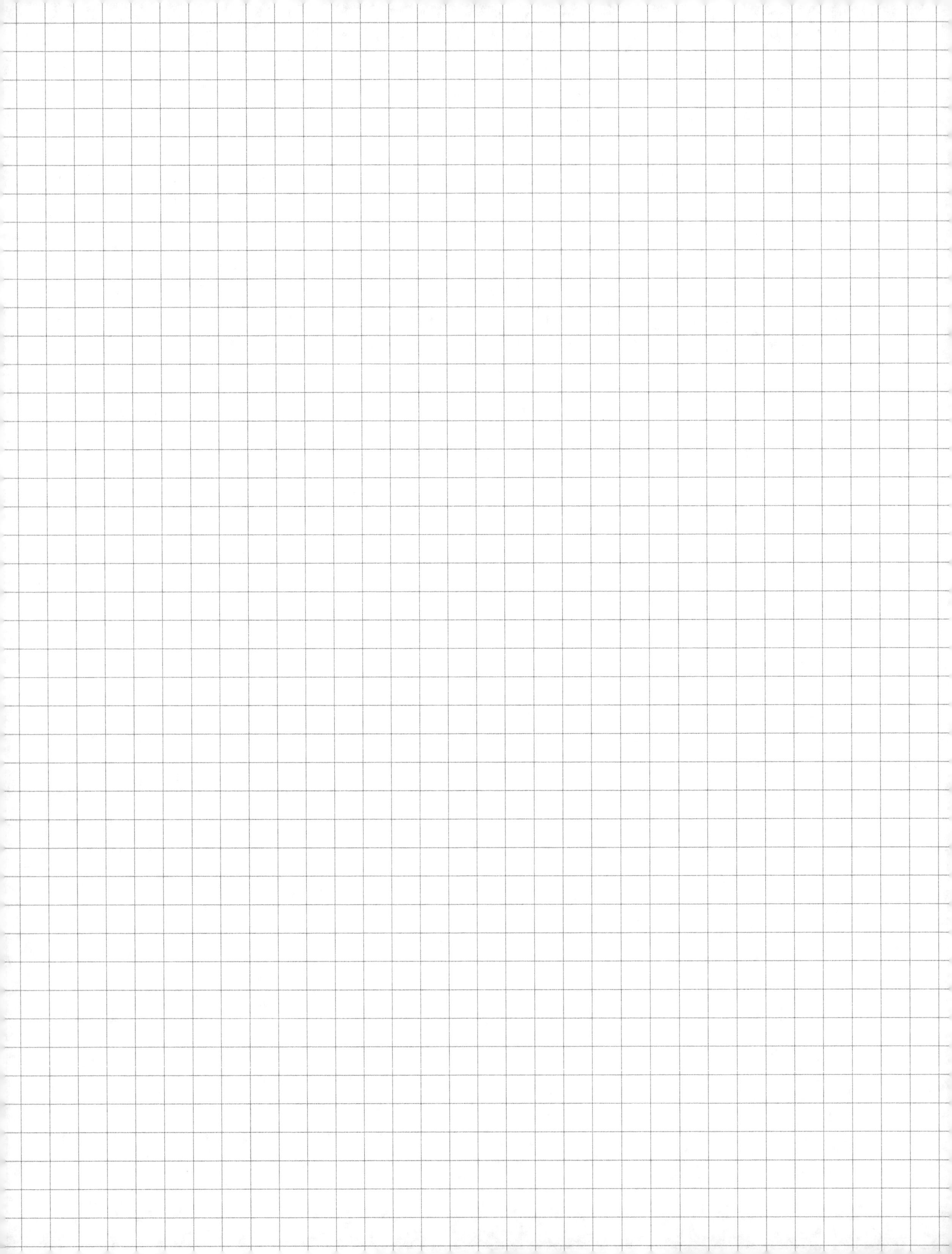

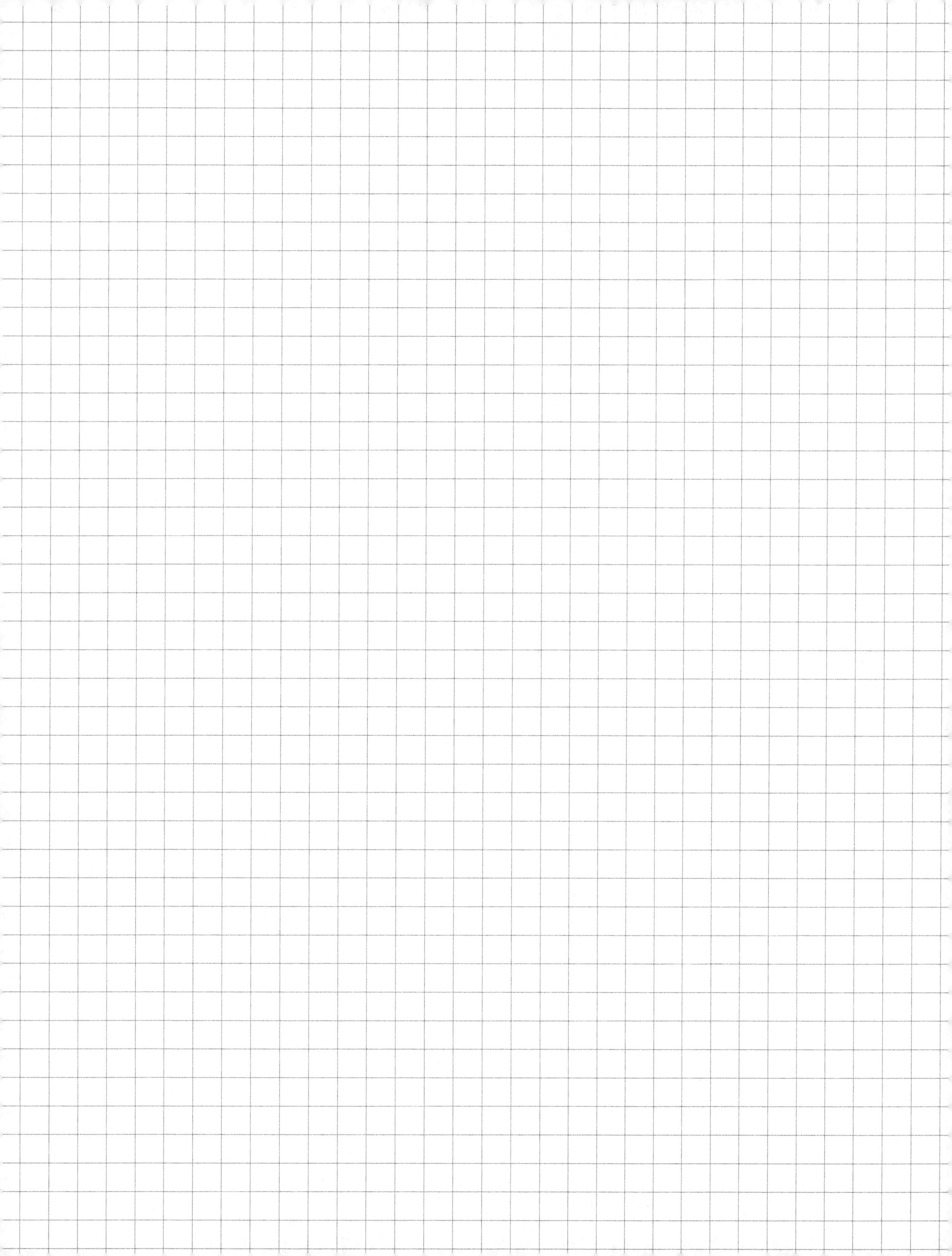

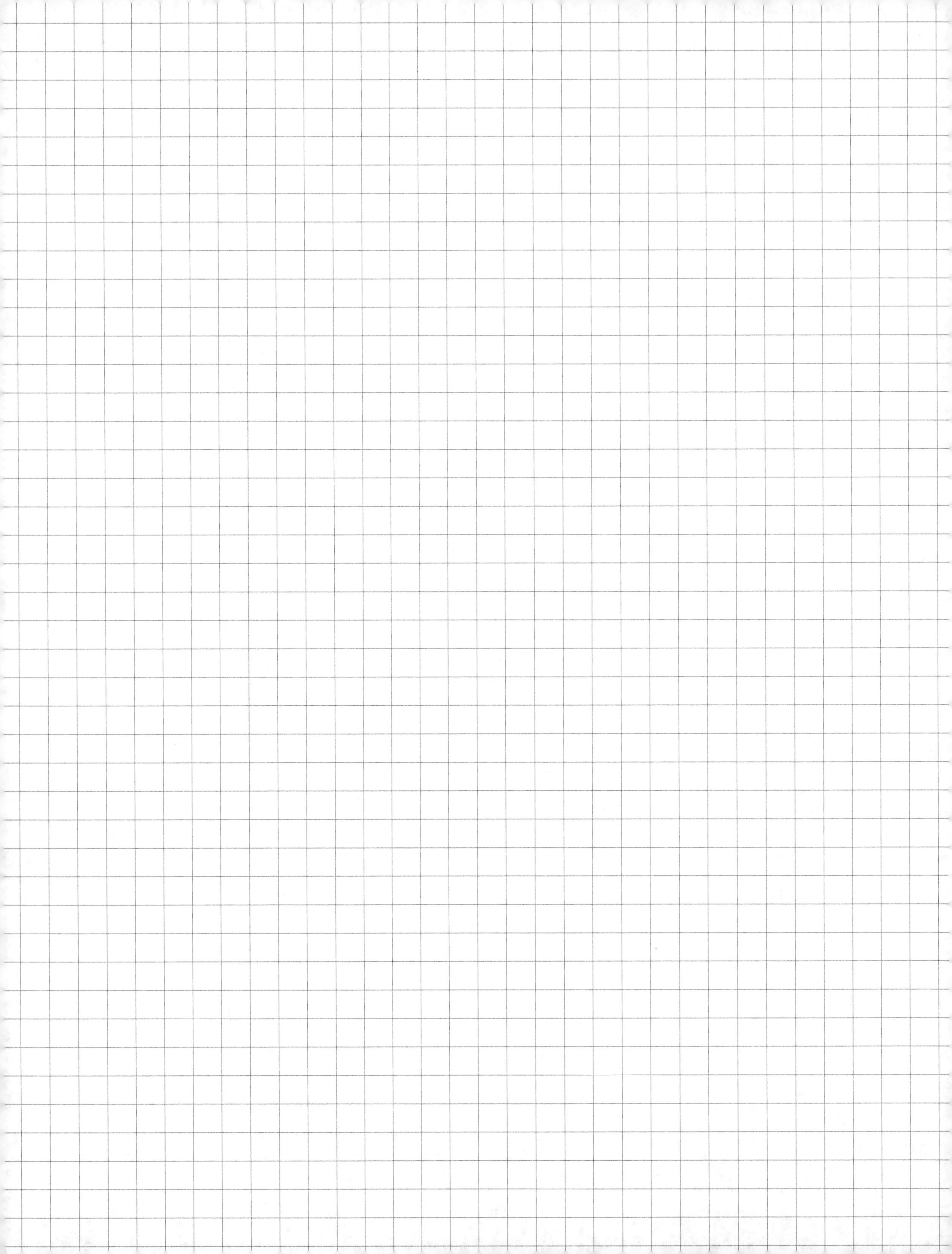

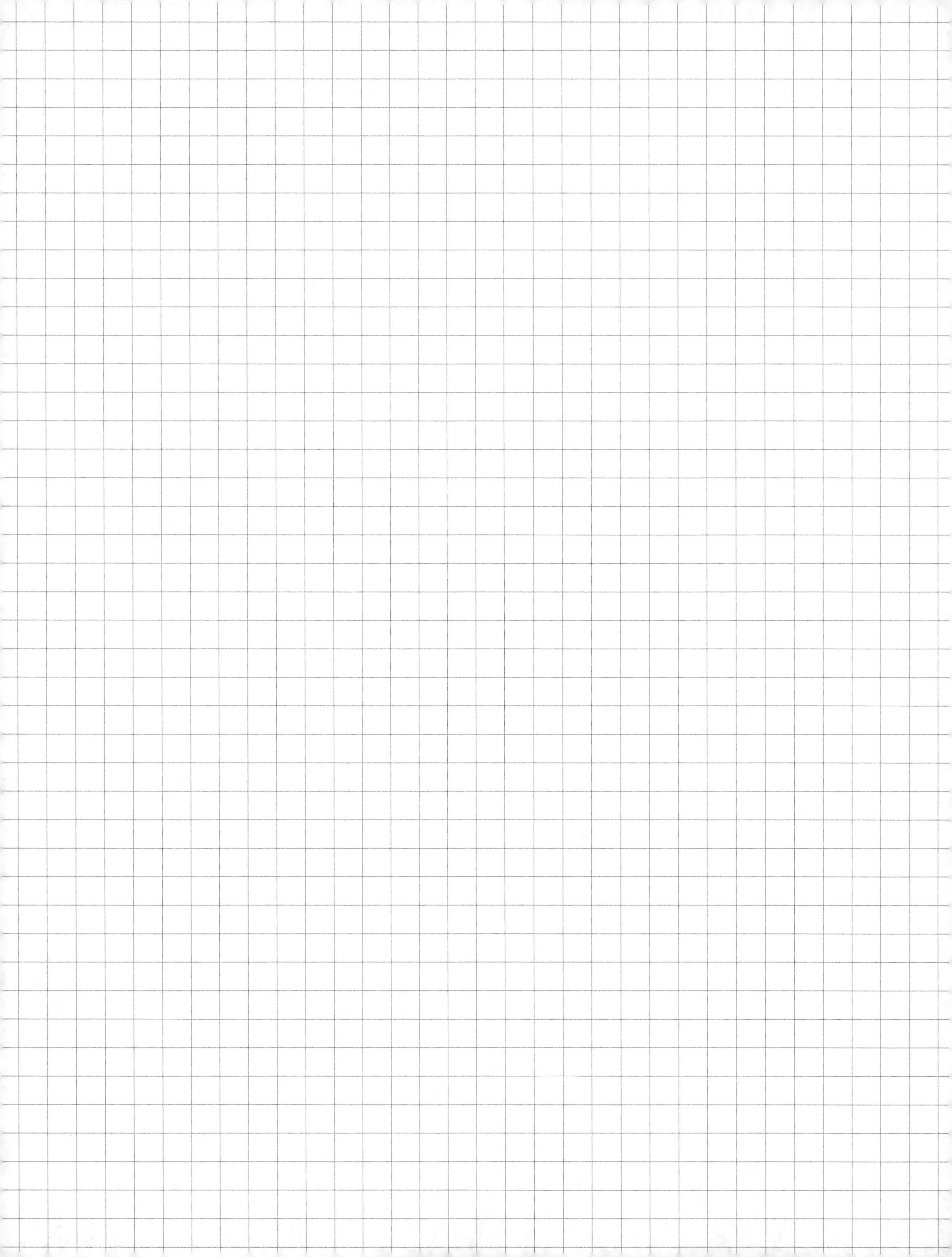

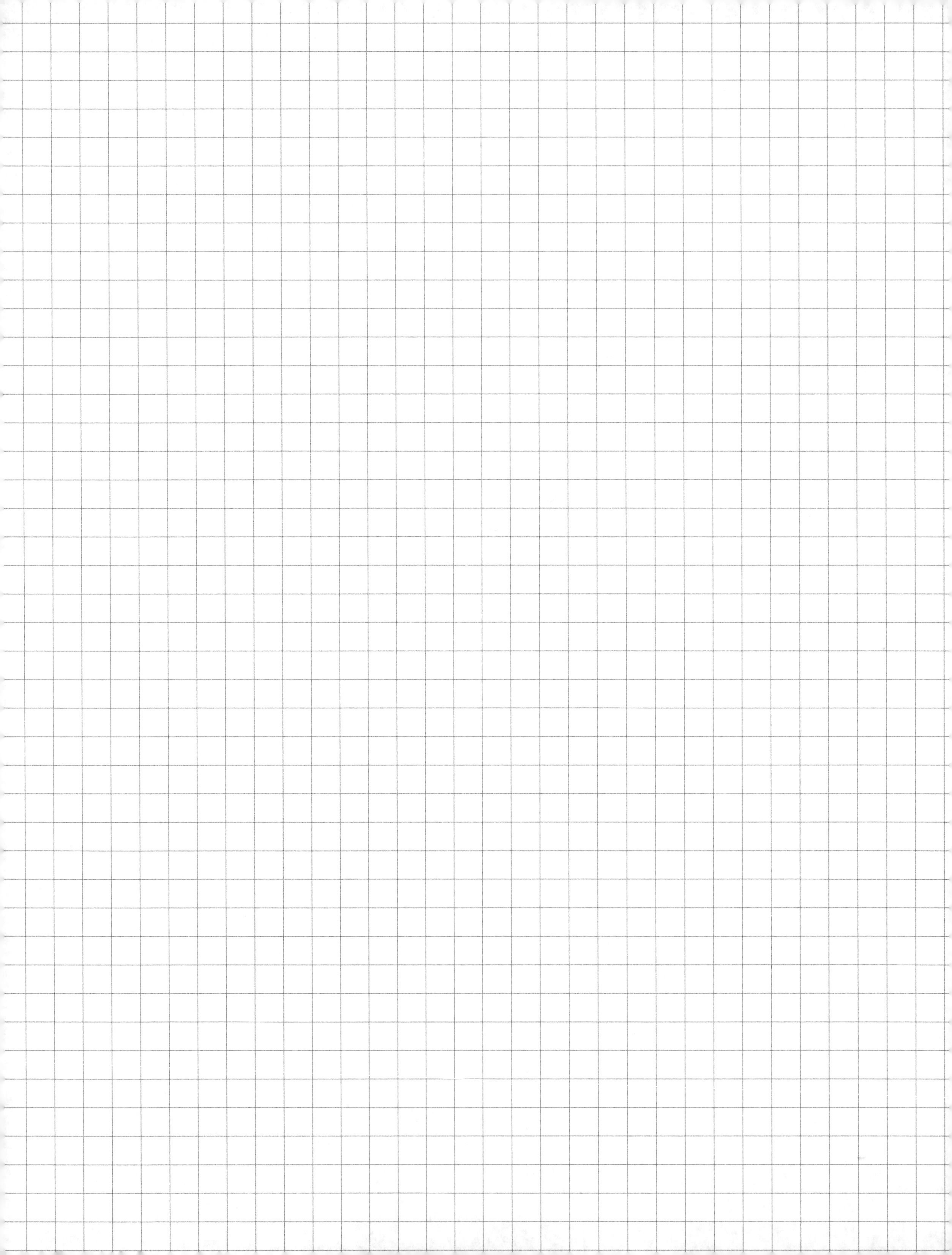

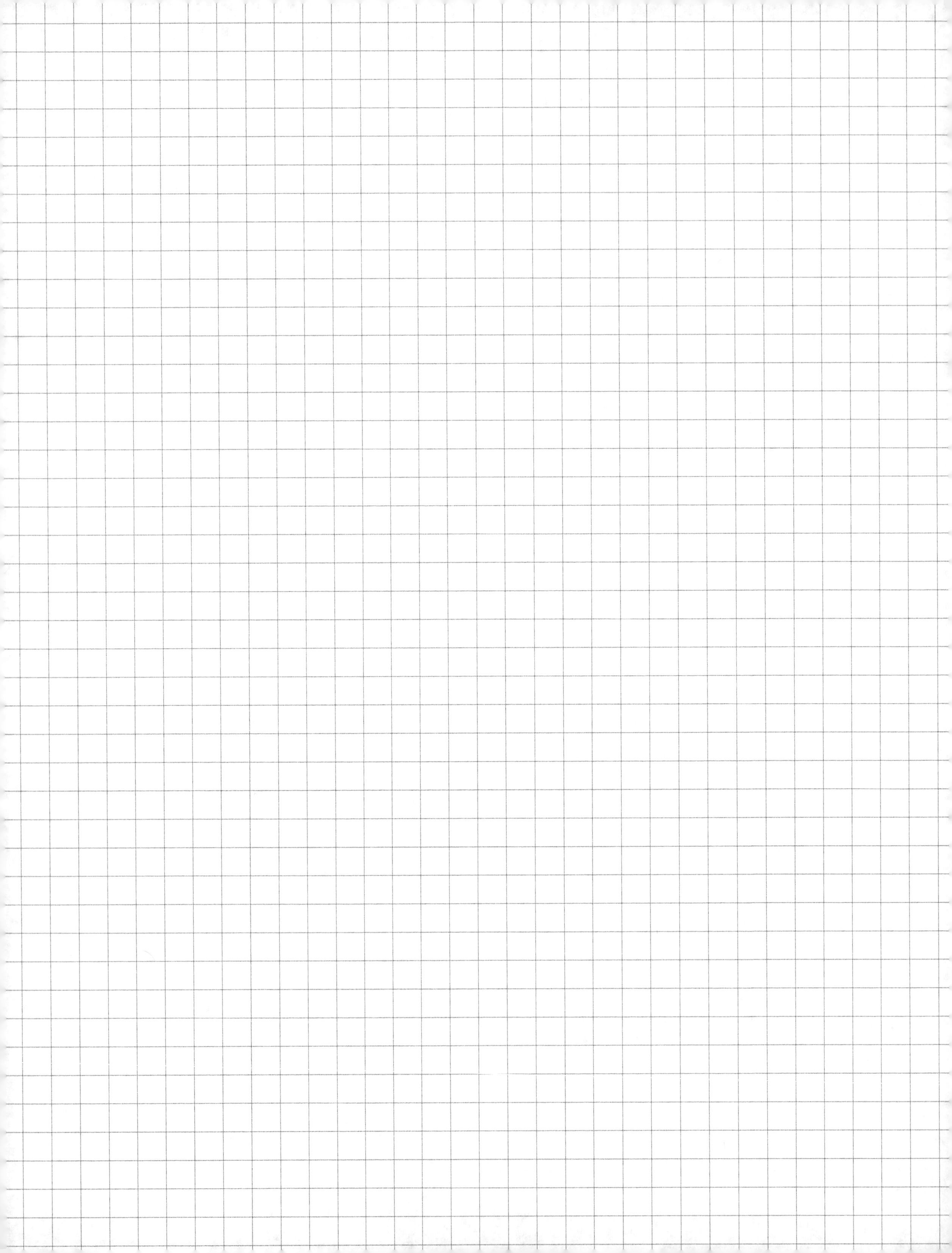

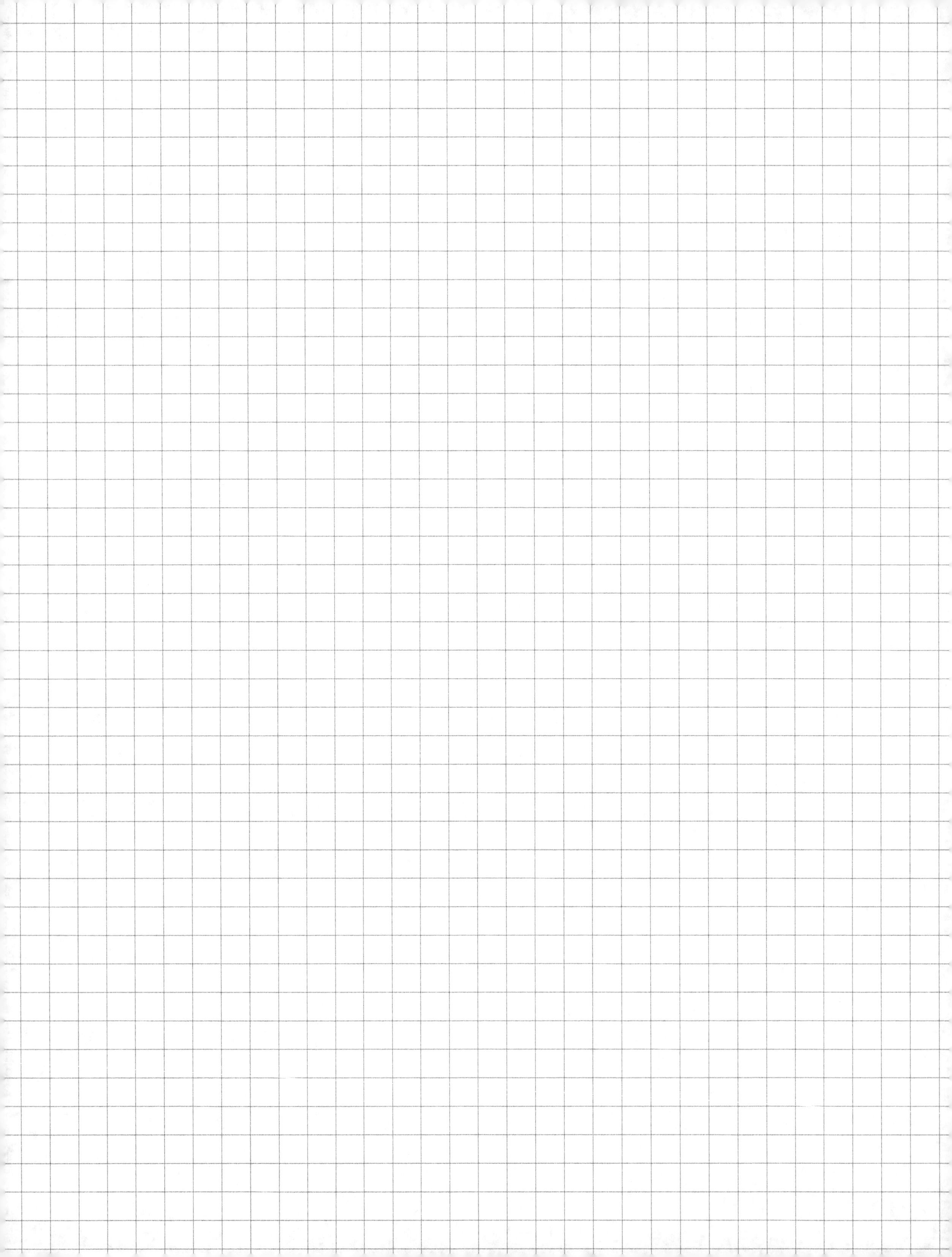

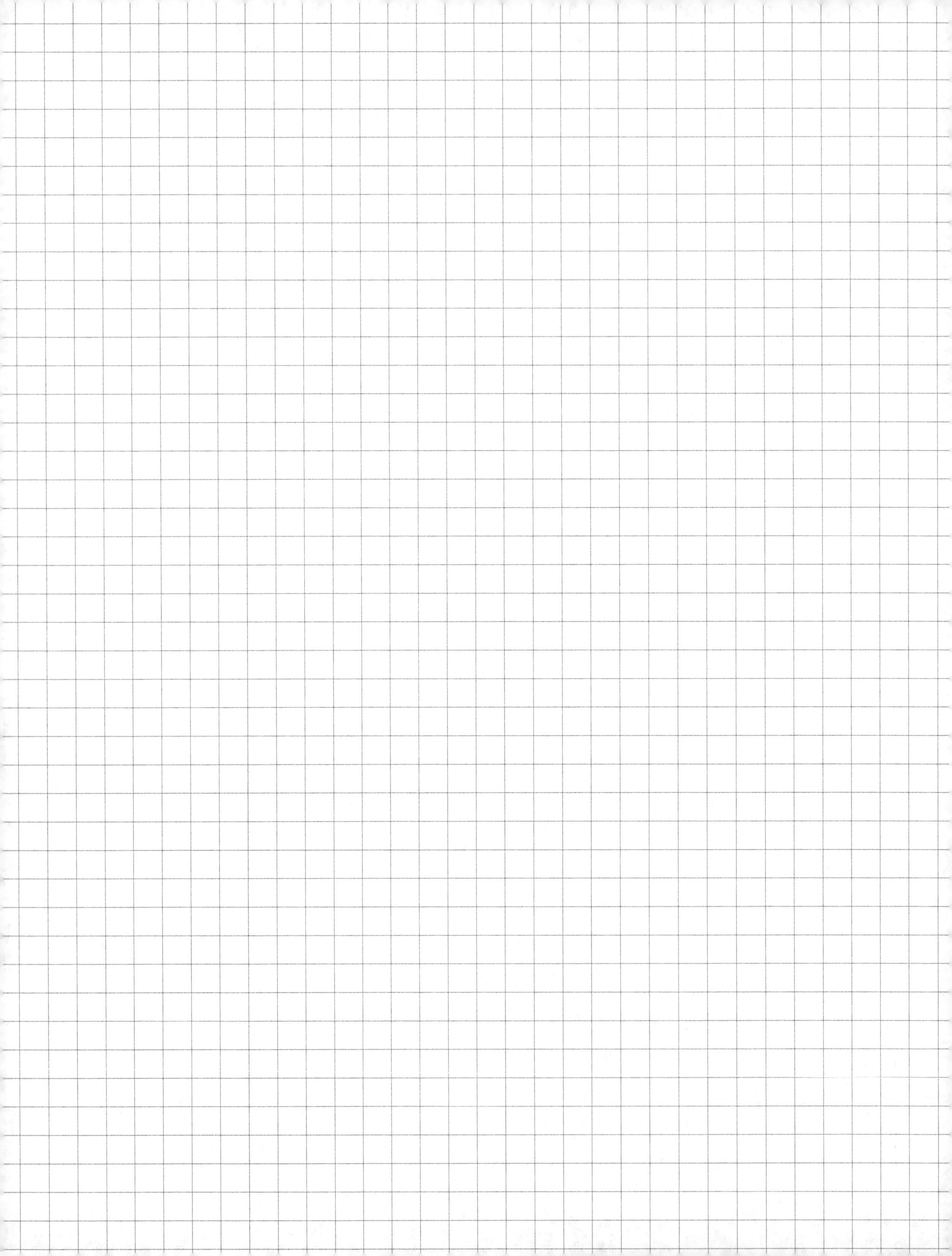

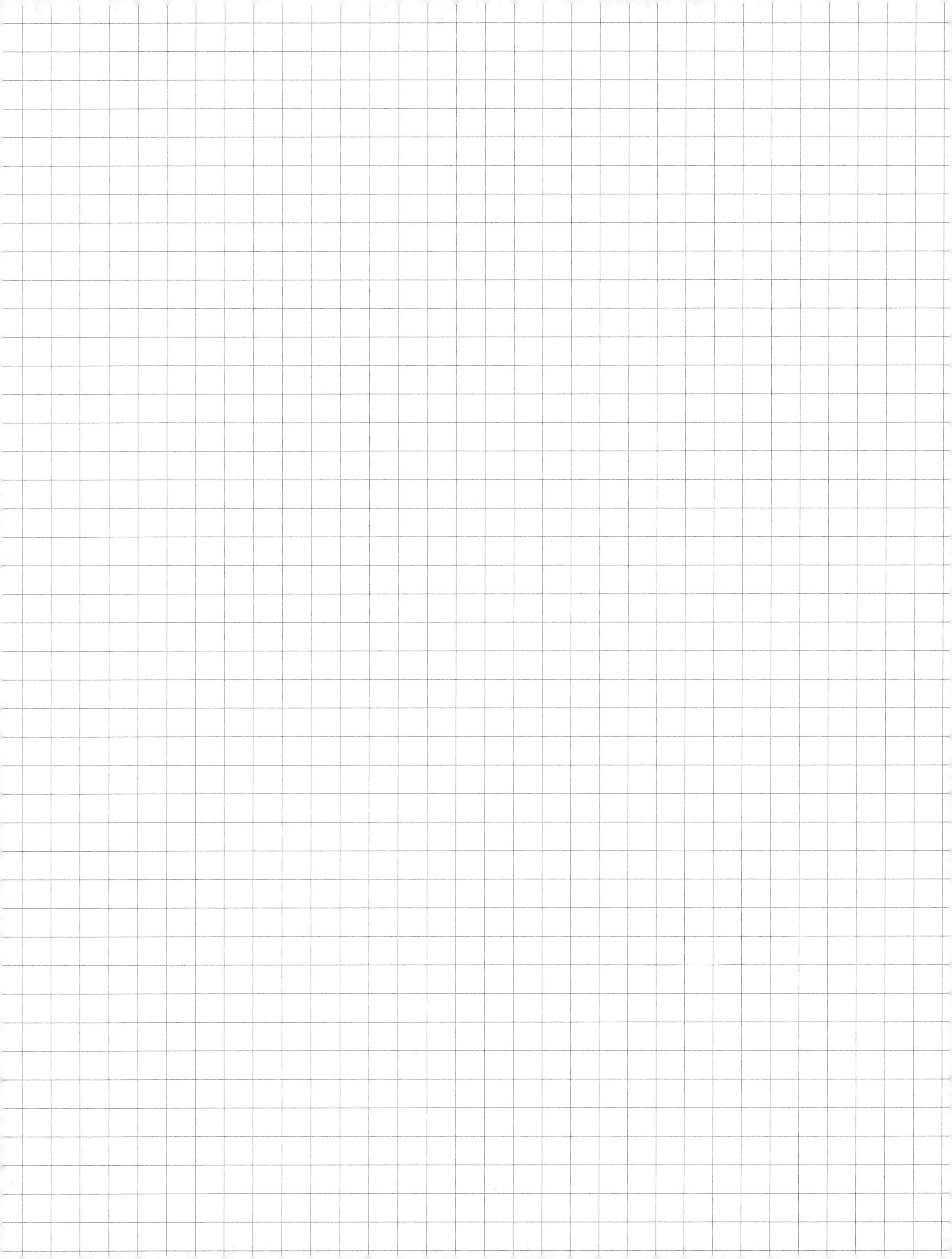

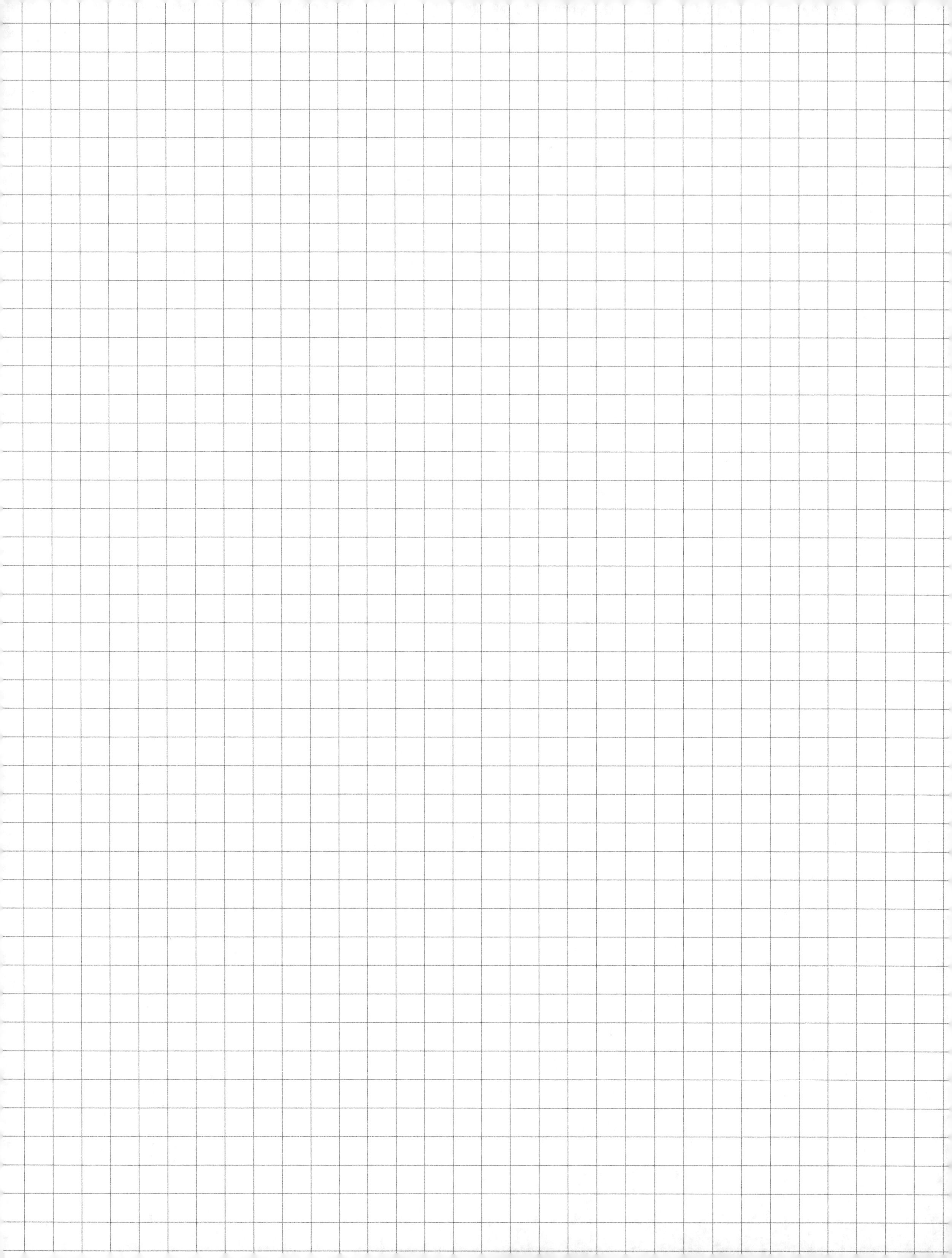

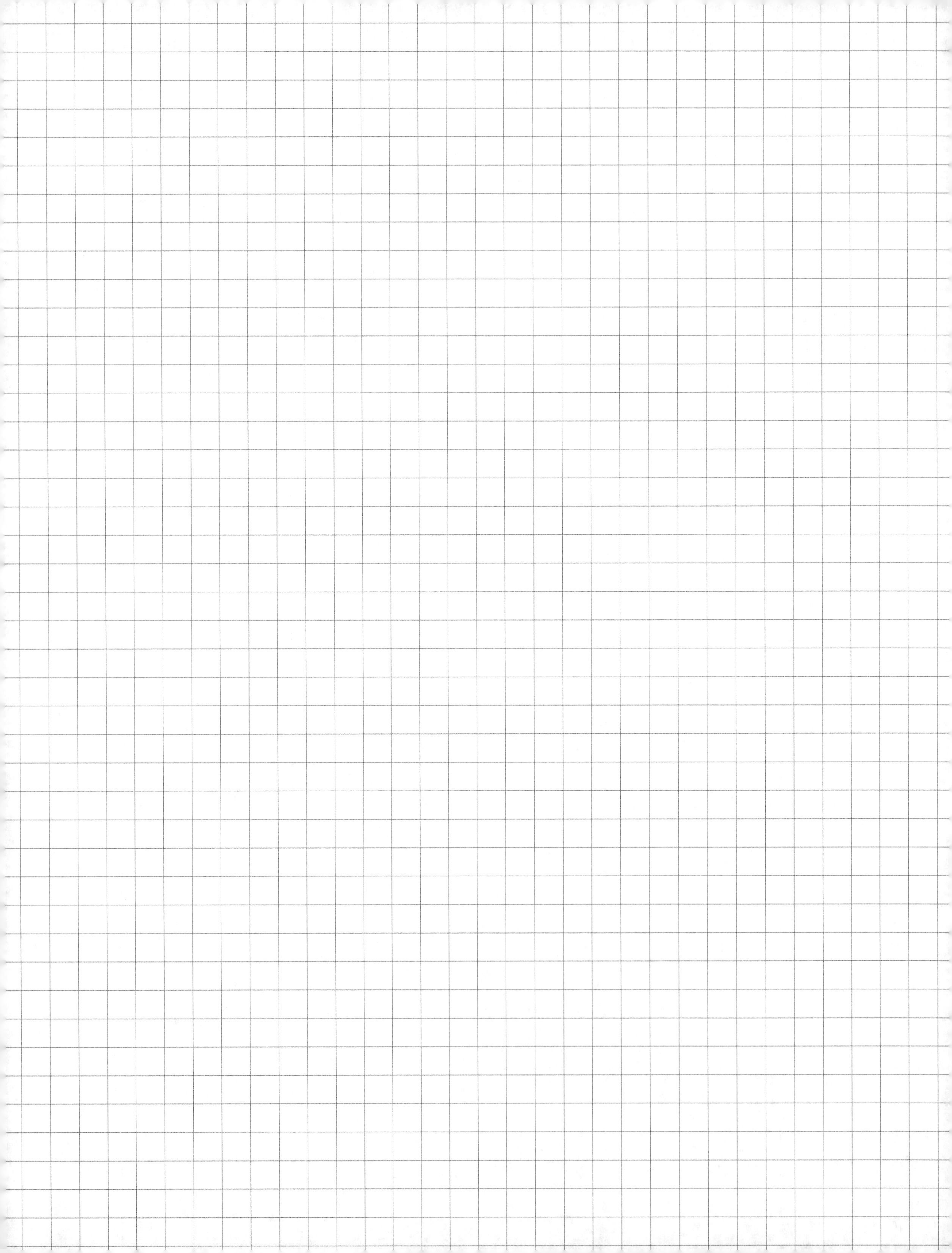

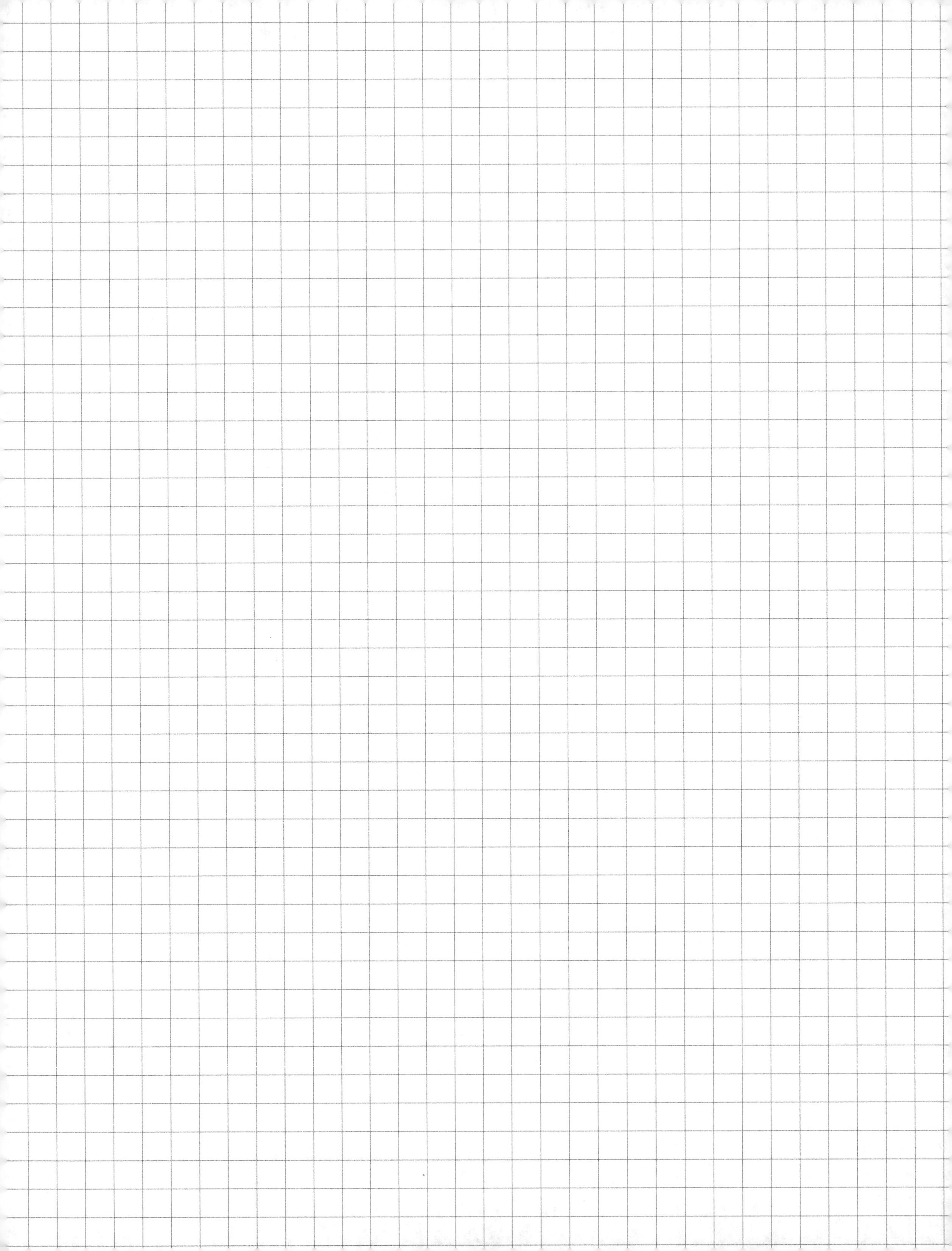

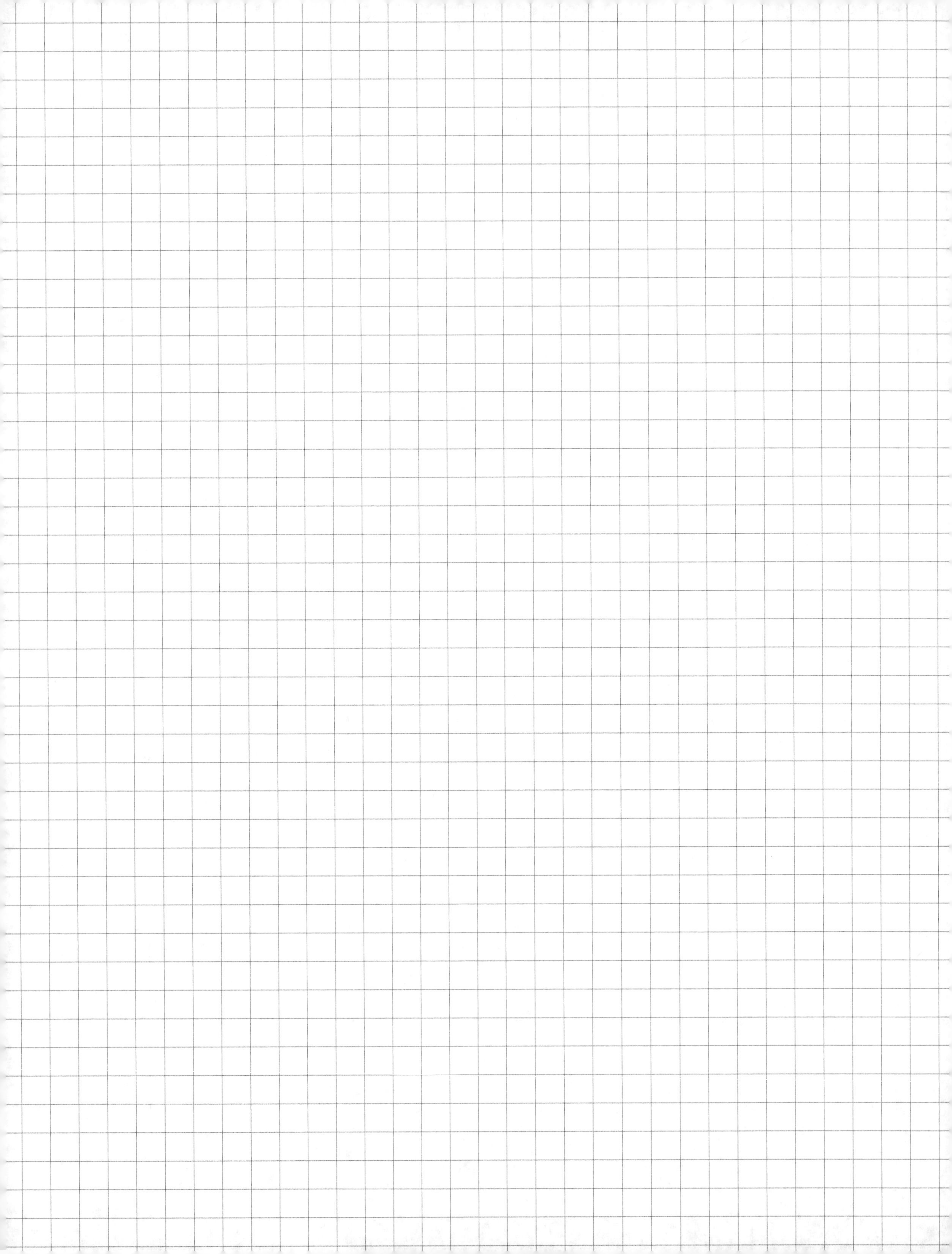

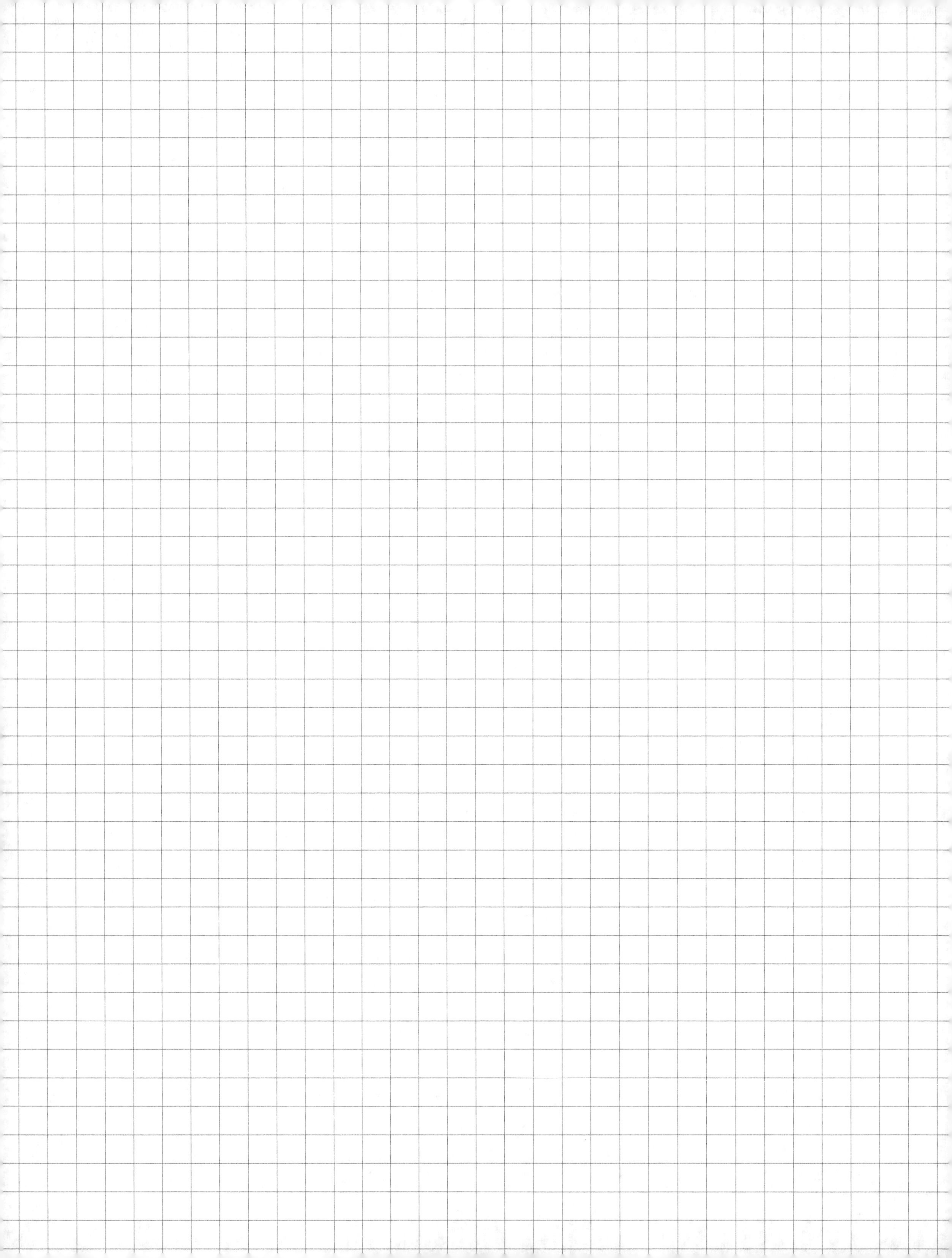

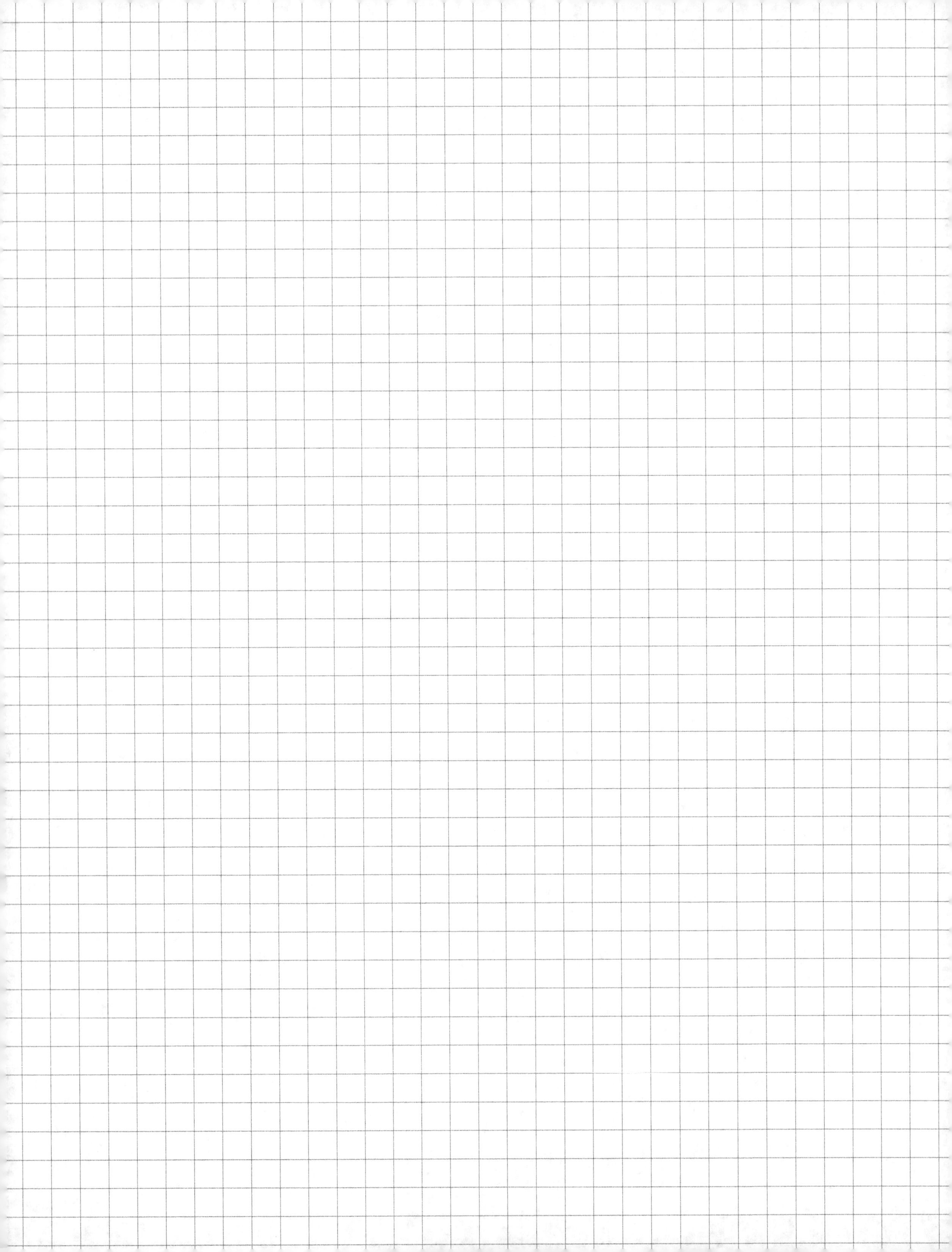

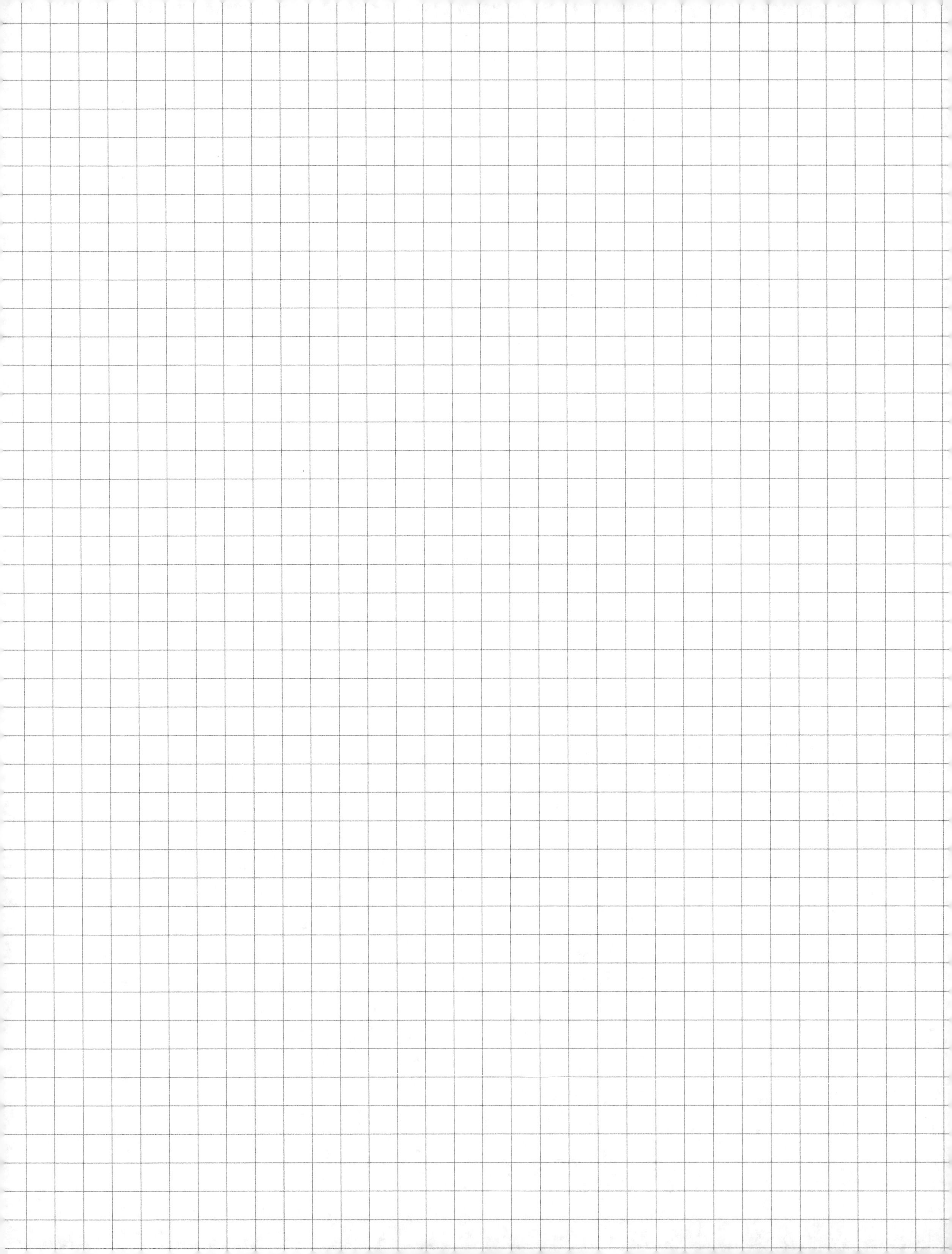

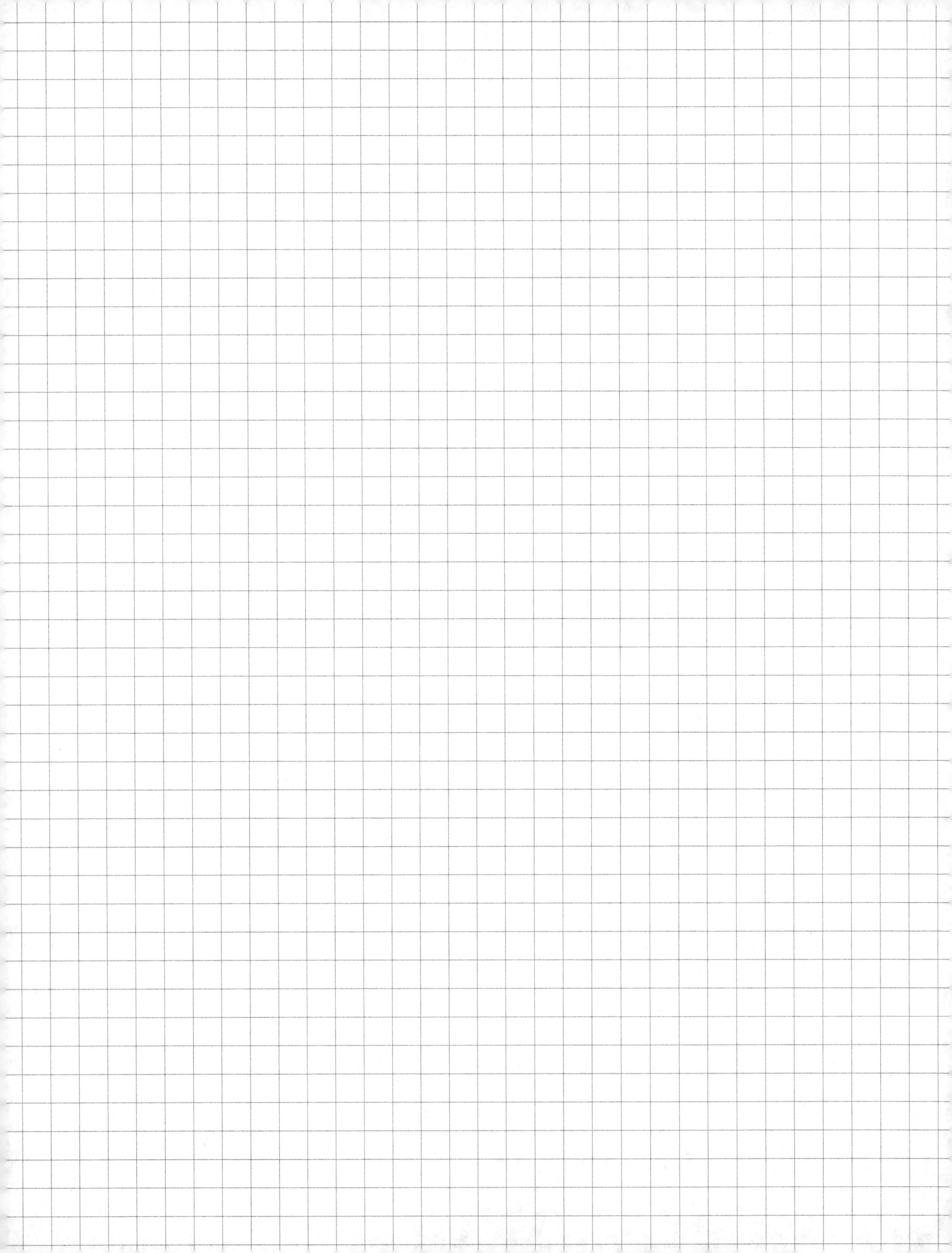